# 位相空間のはなし

## やわらかいイデアの世界

藤田博司
FUJITA Hiroshi

日本評論社

# まえがき

　本書は位相空間論の入門書です．大学理系の微分積分と集合論の初歩を学んだ読者を位相空間論へご案内するのが目的です．

　大学の数理科学系学科では，専門的な数学の入り口として位相空間論を学ぶのですが，数学なのに計算はほとんどなく，抽象的な言葉での定義の羅列になってしまいがちなため，初めて学ぶ人にはとっつきにくい印象を持たれることが多いようです．ところが実はこうした抽象的な言葉は，空間の拡がり具合や図形のつながり具合に関する視覚的で直感的なイメージを，数学として正確に把握するためにこそ必要とされるものなのです．ですから，そのような視覚的・直感的イメージに裏打ちされた「きもち」を，位相に関する基本的な用語はそれぞれ背後に伴っています．本書は，位相に関係する諸概念の「きもち」を，初学者にもわかるように解説することを目標としています．

　全体は 12 章からなり，各章の前半では位相空間論のいろいろな概念の「きもち」についてお話しします．内容は「きもち」をめぐる「はなし」ですが，必要な証明はきちんとつけてあります．どの章でも「はなし」の合間にいくつかの演習問題を挿入してあります．章の後半は演習編で，そこですべての演習問題の解答を述べます．このように，標準的な教科書のスタイルとはかけ離れた形式をとってはいるものの，以下のとおり，位相に関する基本的な用語についてはひととおり解説しています．

- 第 1 章：近傍フィルター，近傍
- 第 2 章：距離空間，位相空間，開集合系，内部，内点
- 第 3 章：連続写像
- 第 4 章：閉包，触点，境界，閉集合，同相写像，開写像，位相不変量，相対位相，部分空間
- 第 5 章：基本近傍系，第 1 可算公理，開基，第 2 可算公理，稠密部分集合，可分空間

- 第6章：分離公理，ハウスドルフ空間，正則空間，正規空間，フィルターの収束，直積位相
- 第7章：連結性
- 第8章：コンパクト性

ここまでで，位相空間論初級クラスの内容はひととおりカバーできたことになるでしょう．

そのあとは，少し進んだ内容を扱うことになります．第9章では，正規空間について詳しく論じ，ウリゾーンの補題を証明します．第10章が全体のハイライトで，ウリゾーンの距離づけ定理を証明し，正規空間の直積が正規空間でなくなる例を紹介します．第11章では局所コンパクト空間，チコノフの定理とコンパクト化，第12章では完備距離空間におけるベールのカテゴリー定理を論じます．

位相空間の例としては，直線，平面，$n$次元ユークリッド空間 $\mathbb{R}^n$ のほかに，ゾルゲンフライ直線 $\mathbb{S}$ や，閉区間上の連続関数全体集合が作るさまざま空間を解説しています．

さて，いざ執筆してみると，さすがに予備知識まったく不要というわけにはいきませんでした．本書を読むには，初歩的な集合論のいろいろな用語について慣れている必要があるでしょう．さらに，微分積分のイプシロン・デルタ論法に多少慣れていると，なおよいと思います．イプシロン・デルタ論法を学んだけれど，どうも「きもち」がよくわからなかった，という人も，位相の観点から見直すと，さかのぼって理解が深まるかもしれません（少なくとも，学生時代のわたくしはそうでした）．

2018年4月号から2年にわたって，雑誌『数学セミナー』に「やわらかいイデアのはなし」と題して連載した記事が本書のもとになっています．連載から単行本化に至るまで，大変お世話になった日本評論社の飯野玲さんと大賀雅美さんに，この場を借りてお礼を申しあげます．

2022年5月

藤田博司

# 目次

まえがき……i


第┃章

# 大きい数・近い点・近傍フィルター……1

┃ 集合について……1

2 相対的な概念について……2

3 十分大きな実数？……3

4 十分近い点？……5

5 近傍の性質……7

6 近傍フィルター……8

演習……11


第2章

# 近傍フィルターを生み出すしくみ
## 距離関数と開集合系……15

┃ 距離空間……16

2 距離関数の例……17

3 距離空間でない空間……19

4 近傍フィルターから開集合へ……21

5 開集合系から近傍フィルターへ……24

演習……27

第**3**章

# 連続写像の概念……31

Ⅰ 位相空間の例……31

**2** 写像について……34

**3**「イプシロン・デルタ」から「近傍の逆像」へ……35

**4** 位相空間における写像の連続性……40

演習……43

第**4**章

# 閉集合・境界・同相写像……47

Ⅰ 閉包と閉集合……47

**2** 境界……50

**3** 同相写像……53

演習……62

第**5**章

# 基本近傍系・開基・稠密性……66

Ⅰ そろそろタイトルのタネあかし……66

**2** 基本近傍系と第 1 可算公理……68

**3** 開基と第 2 可算公理……72

**4** 稠密集合と可分性……75

演習……79

第**6**章

# 点と点を区別する：分離公理……83

**1** 分離公理：ハウスドルフ空間……84

**2** 点列の収束とフィルターの収束……86

**3** 分離公理：正則空間と正規空間……90

**4** 直積による空間の構成と分離公理……93

演習……96

第**7**章

# 離れていることとつながっていること……100

**1** 離れた集合と連結集合……100

**2** 連結集合の性質……102

**3** 数直線の連結性……106

**4** 中間値の定理……108

**5** 連結成分……109

演習……111

第**8**章

# コンパクト性をめぐって……115

**1** ボルツァーノ-ワイヤストラスの定理……115

**2** 有限交叉性……117

**3** コンパクト空間……119

**4** 超フィルター……120

**5** 開被覆とコンパクト性……121

**6** 連続関数と最大値原理……124

演習……127


第**9**章

# 正規空間とウリゾーンの補題……131

**1** ウリゾーンの補題……131

**2** ゾルゲンフライ平面……133

**3** 完全正則空間……137

**4** ウリゾーンの補題の証明……139

演習……142


第**10**章

# ウリゾーンの距離づけ定理……146

**1** 距離づけ可能な位相空間……146

**2** ウリゾーンの距離づけ定理……148

**3** ヒルベルト立方体……151

**4** リンデレーフ空間……152

演習……157


第**11**章

# チコノフの定理とコンパクト化……161

**1** 局所コンパクト空間……162

**2** コンパクト化と完全正則空間……165

**3** チコノフの定理……167

**4** ストーン-チェックのコンパクト化……168

**5** ふたたび局所コンパクト空間について……171

演習……173

第**12**章

# 完備距離空間とベールの定理……177

**1** コーシー列と完備性……177

**2** 連続関数の空間のふたつの距離関数……178

**3** ベールの定理……182

**4** ベール空間……185

**5** マーティンの公理……186

演習……190

索引……194

# 第 1 章

# 大きい数・近い点・近傍フィルター

## ▎ 集合について

　最初に集合について少しだけ用語を整理しておきましょう．数学ではいろいろの概念を表現するために**集合**の考えが用いられます．集合というのは，個々の事物を，なんらかの基準で 1 個の全体としてひとまとめに考えたものです．

- 自然数全体の集合 $\mathbb{N}$
- 整数全体の集合 $\mathbb{Z}$
- 実数全体の集合 $\mathbb{R}$

などは集合の例です．4 とか 12 とか 2018 とかのような個々の自然数は，自然数全体の集合 $\mathbb{N}$ の**要素**とよばれます．

　集合を表すひとつの方法として，中括弧（ブレイス）"{" と "}" の間に要素を書き並べる方法があります．たとえば

$$\{4, 12, 2018\}$$

は，4 と 12 と 2018 を要素とし，その他の要素をもたない集合です．

　集合を表すもうひとつの方法は，その集合の要素になるための条件を明示することです．変数 $x$ を含む命題 $F(x)$ が与えられたとき，

$$\{x \mid F(x)\}$$

によって，命題 $F(x)$ を成立させるようなもの $x$ 全体のなす集合を表すわけです．

任意のもの $a$ について

$$a \in \{x \mid F(x)\} \Longleftrightarrow F(a)$$

となります.

　自然数はすべて整数であり，整数はすべて実数です．このように，集合 $A$ の要素がすべてまた集合 $B$ の要素でもあることを，$A \subset B$ と書いて，$A$ は $B$ の**部分集合**であるといいます．たとえば $\mathbb{N} \subset \mathbb{Z}$, $\mathbb{Z} \subset \mathbb{R}$ です.

　なんらかの基準で要素をひとまとめにして集合を定めても，その基準に該当する要素が 1 個も存在しない場合があります．そのような場合，要素を 1 個ももたない集合が得られることになります．これを**空集合**といい，記号 $\emptyset$ で表します．どんな集合 $A$ も $\emptyset \subset A$ をみたします.

　ふたつの集合 $A$ と $B$ の両方に属する共通の要素全体の集合を $A$ と $B$ の**共通部分**といって $A \cap B$ と書きます．たとえば $A = \{1,2,3,4\}$ で $B = \{0,2,4,6\}$ であれば $A \cap B = \{2,4\}$ ということになります．また，$A$ と $B$ の少なくとも一方に属する要素全体の集合を $A$ と $B$ の**和集合**といって $A \cup B$ と書きます．たとえば $A = \{1,2,3,4\}$ で $B = \{0,2,4,6\}$ であれば $A \cup B = \{0,1,2,3,4,6\}$ ということになります.

　集合ばかりを要素とする集合（集合の集合）を，**集合族**ということがあります．位相空間論では，実にさまざまな集合族を扱いますが，多くの場合それらは，そのとき考えている空間全体を表す**全体集合**とよばれる集合の，部分集合ばかりからなる集合族です．このように，ある集合 $X$ の部分集合ばかりからなる集合族のことを $X$ の**部分集合族**といいます.

　集合の用語と記号で大切なものはこのほかにもたくさんあり，話しだすとキリがありません．いったん話を打ち切って，今後も必要になったときに説明することにします.

# 2 相対的な概念について

　ものを集めて集合を作るさいの基準は，個々の事物に対して，成立・不成立が明確に定まるものでなければなりません.

　たとえば 1 や 0 や $-33$ は整数ですが，分数 5/8 や円周率 $\pi$ は整数ではありま

せん．このことは，判断する人の主観に依存せず，地理的・歴史的な事情にも依存せず，気温にも気圧にも依存せず，客観的に定まっています．集合を作れるのはこうした客観的で時と場合に依存しない判断基準だけです．ですからたとえば

- イケメンの全体
- 大きな実数の全体

などは，集合をなしません．誰をイケメンとするかの基準は客観的ではなく，判断する人の審美眼に依存します．地理的・歴史的な事情にも依存するでしょう．なので，集合をつくる基準として「イケメンであること」は十分明確ではありません．また，どんな数を大きな実数と思うか，これも状況によるでしょう．201は人間の身長をセンチメートル単位で計ったものと思えば大きいかもしれませんが，財布の中身を円単位で計ったものと思えば，ぜんぜん大きくありません．「大きい」というのが基準として明確でないため，大きい実数全体の集合をつくることはできません．

　日常生活の中で，何かのものを「大きい／小さい」「高い／低い」「速い／遅い」という場合，暗黙のうちに，「普通」とか「平均的」などとよばれるいくぶん曖昧なものと比較していることが多いのではないでしょうか．「大きい数」の概念が不明確であるのは，比較の対象が不明確であることが原因なのかもしれません．

　ただし，数の大小の比較そのものは，ふたつの数の関係として明確で客観的です．ある数が「1より大きいか」「1000以上か」などは，それぞれ明確な基準になっています．このことから，「1より大きい実数の全体」「1000以上の実数の全体」などは，それぞれ集合をなします．

　漠然と「大きい」といっただけでは曖昧で相対的ですが，「ある限度より大きいかどうか」というのは，その「ある限度」が特定されれば，判断の基準として確定するわけです．

# 3 十分大きな実数？

　このことを利用して，「十分大きな実数」という言葉の使い方を，次のように定

義してみましょう. すなわち, 実数 $x$ に関する命題 $F(x)$ が与えられたとして,

ある実数 $a$ が存在して, $x > a$ をみたすすべての実数 $x$ について命題 $F(x)$ が成立する,

ということを**十分大きなすべての実数 $x$ が $F(x)$ をみたす**と表現するのです.

たとえば, $0 \leqq x \leqq 1$ のときは $x^2 \leqq x$ となるので, すべての実数について $x$ より $x^2$ のほうが大きいとは言えません. しかし, $x > 1$ であれば $x < x^2$ なので, 十分大きなすべての実数について $x$ より $x^2$ のほうが大きいとは言えるわけです.

これもよく言われることですが, 底 $r > 1$ の指数関数 $r^x$ は $x$ のどんな多項式よりも速く大きくなります. これは, 実数係数の多項式 $p(x)$ が与えられるごとにある実数 $a$ が定まって, $x > a$ ならば $|p(x)| < r^x$ となるということですから,

どんな実数係数の多項式 $p(x)$ についても, 十分大きなすべての実数 $x$ が不等式 $|p(x)| < r^x$ をみたす

と表現できます.

命題 $F(x)$ ごとに, 比較の基準となる数 $a$ は違っていてよいので, この言い方で「十分大きな実数」というものの範囲が確定するわけではありません. また, この定義は「大きくない」実数について $F(x)$ が成立することを排除するものではありませんから, $F(x)$ が成立することは, その数 $x$ が「大きい」ことの証拠にもなりません. それでも, このような「十分大きなすべての実数について」という言葉の使い方は, 曖昧で相対的な「大きい実数」という概念を, 明確に把握しなおす手がかりにはなるでしょう.

## 演習 I

十分大きなすべての実数が集合 $A$ に属するとは, ある実数 $a$ が存在して, $x > a$ をみたすすべての実数 $x$ が $A$ に属するという意味である. 実数の集

合(つまり $\mathbb{R}$ の部分集合)のうち，この意味で十分大きな実数をすべて含む
ものだけを集めてつくった集合族を $\mathcal{F}$ とする．この $\mathcal{F}$ が次の条件をみたす
ことを確かめよ．

> (1) $\mathbb{R}$ は $\mathcal{F}$ に属する．
> (2) 空集合 $\emptyset$ は $\mathcal{F}$ に属しない．
> (3) $A$ が $\mathcal{F}$ に属するなら，$A \subset B \subset \mathbb{R}$ をみたす $B$ も $\mathcal{F}$ に属する．
> (4) $A$ と $B$ が $\mathcal{F}$ に属するなら，共通部分 $A \cap B$ も $\mathcal{F}$ に属する．

# 4 十分近い点？

　さてさて，ここまでの話が「位相」とどう関係するのかを，そろそろご説明せ
ねばなりませんね．

　位相の理論の出発点にあるのは，「限りなく近づく」という極限に関する概念を
集合の言葉でうまく表現したい，という要求です．ところが，与えられた 2 点が，
遠いか近いか，ということは，それ自体では意味をなしません．たとえば，平面
上の 2 点 P$(1,0)$ と Q$(0,1)$ との距離は $\sqrt{2}$ ですが，これは遠いのでしょうか，そ
れとも近いのでしょうか(図 1)．さきほどの「大きい／小さい」と同じように，こ
こでは，曖昧で相対的な「近い／遠い」という概念を，明確に把握しなおすこと

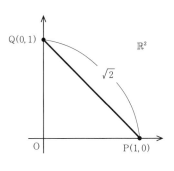

図1

が求められています.

　直線や平面では,この「近い／遠い」を距離で表現します.実数の全体は$\mathbb{R}$ですが,この$\mathbb{R}$を,単に数の集まりというよりも直線として扱っていることを強調したい場合は,これを実数直線とよび,$\mathbb{R}^1$と表記することにします.ですから,実数直線$\mathbb{R}^1$においては,点とは実数そのものです.$\mathbb{R}^1$のふたつの点PとQの間の距離は

$$d(\mathrm{P},\mathrm{Q}) = |\mathrm{P}-\mathrm{Q}|$$

のように定められます.座標平面$\mathbb{R}^2$においては,点とはふたつの実数のペアです.点$\mathrm{P}(p_1,p_2)$と$\mathrm{Q}(q_1,q_2)$の間の距離は

$$d(\mathrm{P},\mathrm{Q}) = \sqrt{(p_1-q_1)^2+(p_2-q_2)^2} \tag{1}$$

のように定められます.

## 演習2

平面$\mathbb{R}^2$で距離$d(\mathrm{P},\mathrm{Q})$を式(1)で定めたとき,任意の3点A, B, Cについて

**三角不等式**

$$d(\mathrm{A},\mathrm{C}) \leqq d(\mathrm{A},\mathrm{B})+d(\mathrm{B},\mathrm{C})$$

が成立することを確かめよ.次に,3次元の座標空間$\mathbb{R}^3$の場合に同様にして,距離の定義を述べ,三角不等式が成立することを確認すること.一般の$n$次元空間$\mathbb{R}^n$への拡張についても検討してみよ.

　直線でも平面でも,$d(\mathrm{P},\mathrm{Q})$が小さければ小さいほど,2点PとQは近いと考えますが,絶対的な「近さ」「遠さ」の概念はありません.

　それでも,前節の「十分大きな実数」の議論をなぞれば,点Pに十分近い点をすべて含む集合と,そうでない集合の区別をつけることは可能です.それには

　　　点Pに十分近いすべての点が集合$A$に属する,とは,
　　　ある正の実数$r$が存在して,$d(\mathrm{P},\mathrm{Q}) < r$をみたすすべての点Qが$A$に属する,という意味である

と定めればよいでしょう. この意味で「点 P に十分近いすべての点が集合 A に属する」ということを, 手短かに

　　集合 A は点 P の**近傍**である

と表現します. 点 P を中心として十分小さい半径 $r$ の円を描けば, その内側にある点がすべて A に属する, というイメージです(図2).

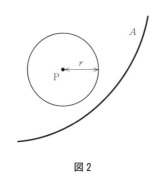

**図2**

# 5 近傍の性質

　直線 $\mathbb{R}^1$ と平面 $\mathbb{R}^2$ において, 点の近傍という概念を定めました. セクション3で考えた「大きな実数をすべて含む集合」がひとつに定まらなかったのと同様, ひとつの点 P に対して, その近傍もひとつには定まりません. 点 P の近傍は無数にあるのです.

　直線 $\mathbb{R}^1$ において, 点 P の近傍の全体のなす集合族を, ここでは $\mathcal{N}(\mathrm{P})$ と書くことにしましょう. すると, この集合族 $\mathcal{N}(\mathrm{P})$ は, 次の条件をみたします.

(1) 直線全体 $\mathbb{R}^1$ は $\mathcal{N}(\mathrm{P})$ に属する.
(2) 集合 A が $\mathcal{N}(\mathrm{P})$ に属するなら, 点 $\mathrm{P} \in A$ である. したがって, 空集合 $\emptyset$ は $\mathcal{N}(\mathrm{P})$ に属しない.
(3) 集合 A が $\mathcal{N}(\mathrm{P})$ に属するなら, $A \subset B \subset \mathbb{R}^1$ をみたす集合 B も $\mathcal{F}$ に属

する.

(4) 集合 $A$ と $B$ が $\mathcal{N}(\mathrm{P})$ に属するなら,共通部分 $A \cap B$ も $\mathcal{N}(\mathrm{P})$ に属する.

このうち,(3)が成立することは次のように確かめられます:集合 $A$ は点 P の近傍なので,近傍という言葉の定義に従い,ある正の数 $r$ が存在して,$d(\mathrm{P},\mathrm{Q})$ $< r$ をみたすすべての点 Q が $A$ に属します.ところが $A \subset B$ なので,$A$ に属する点はすべて $B$ に属します.だから条件 $d(\mathrm{P},\mathrm{Q}) < r$ をみたすすべての点 Q は $B$ に属します.よって,$B$ は点 P の近傍です.

また,(4)が成立することは次のように確かめられます:集合 $A$ と $B$ は点 P の近傍なので,集合 $A$ に対して正の数 $r$ が存在して,条件 $d(\mathrm{P},\mathrm{Q}) < r$ をみたすすべての点 Q が $A$ に属します.また集合 $B$ に対して正の数 $s$ が存在して,条件 $d(\mathrm{P},\mathrm{Q}) < s$ をみたすすべての点 Q が $B$ に属します.そこでふたつの実数 $r$ と $s$ のうち小さいほうを $t$ とよぶことにすれば,$t$ は正の数であり,条件 $d(\mathrm{P},\mathrm{Q}) < t$ をみたす点 Q は,$A$ と $B$ の両方に属するから共通部分 $A \cap B$ に属します.条件 $d(\mathrm{P},\mathrm{Q}) < t$ をみたす点 Q がすべて $A \cap B$ に属するのだから,$A \cap B$ は P の近傍です.

# 6 近傍フィルター

点 P の近傍全体のなす集合族 $\mathcal{N}(\mathrm{P})$ が,演習 1 で述べた "十分大きいすべての実数を含む集合" のなす集合族 $\mathcal{F}$ とよく似た性質をもつことがわかります.集合族 $\mathcal{F}$ と同様に,

(1) 全体集合を含み,
(2) 空集合を含まず,
(3) 大きい集合に取り替える操作のもとで閉じていて,
(4) 共通部分をとる操作のもとでも閉じている,

そういう集合族のことを**フィルター**とよびます.点 P の近傍全体のなす集合族 $\mathcal{N}(\mathrm{P})$ も,$\mathbb{R}^1$ や $\mathbb{R}^2$ におけるひとつのフィルターであるわけです.これを,P の**近**

傍フィルターとよびます.

　直線や平面における点の近傍フィルター $\mathcal{N}(\mathrm{P})$ は，たんに条件 (1)–(4) をみたすフィルターというだけでなく，もうひとつ，各点に結びつけられたフィルターどうしを関連させるために重要な性質をもっています．少しややこしいですが，次のような性質です.

　(5) $A \in \mathcal{N}(\mathrm{P})$ であるとき（すなわち集合 $A$ が点 P の近傍であるとき），P のある近傍 $W \in \mathcal{N}(\mathrm{P})$ が存在して，$W$ に属するすべての点 $\mathrm{P}' \in W$ に対して，$A \in \mathcal{N}(\mathrm{P}')$ となる.

これには説明が必要でしょう．直線 $\mathbb{R}^1$ において，点 P として実数 0，集合 $A$ として区間 $[-1, +1]$ を考えてみます（図 3）.

**図 3** 0 の近傍だが +1 の近傍ではない

　点 0 までの距離が 1 未満である点はすべてこの集合 $A$ に属するので，$A$ は点 0 の近傍です．そして，実数 +1 は $A$ に属します．しかし，$A$ は +1 の近傍ではありません．+1 より右側にある点は，+1 にどれほど近くとも $A$ には属しないからです．そこで，$W$ として区間 $[-0.5, +0.5]$ をとってみましょう．この集合 $W$ も点 0 の近傍です．そして，$W$ に属する点 $\mathrm{P}'$ を考えると，$|0-\mathrm{P}'| \leqq 0.5$ なので，$\mathrm{P}'$ までの距離が 0.5 未満であるような点 Q については，絶対値の三角不等式により，

$$|0-\mathrm{Q}| \leqq |0-\mathrm{P}'|+|\mathrm{P}'-\mathrm{Q}| < 0.5+0.5 = 1$$

となって，区間 $[-1, +1]$ すなわち集合 $A$ に属することになります．このとき $A$ は点 $\mathrm{P}'$ の近傍でもあります．ですから $A$ は $W$ に属するすべての点の近傍であるわけです.

　平面 $\mathbb{R}^2$ でも状況は同様で，各点 P の近傍全体のなす集合族を $\mathcal{N}(\mathrm{P})$ とすると，これが性質 (1)–(5) をもつことになります.

## 演習 3

平面 $\mathbb{R}^2$ における各点 P の近傍全体のなす集合族 $\mathcal{N}(\mathrm{P})$ とするとき，(1)–(5) を証明せよ．

## 演習 4

直線および平面の近傍フィルターについて，

$$A \in \mathcal{N}(\mathrm{P}) \quad \text{ならば} \quad \{\mathrm{P}' \,|\, A \in \mathcal{N}(\mathrm{P}')\} \in \mathcal{N}(\mathrm{P})$$

であることを証明せよ．

　ここで明らかになった近傍フィルター $\mathcal{N}(\mathrm{P})$ の性質(1)–(5)を手がかりに，わたくしたちの位相の世界の探求をスタートさせることにしましょう．この先には，抽象的なセッティングでの議論や奇妙な例の議論がいろいろ出てきますが，いつでも，直線や平面の例がいちばんの基本です．具体的な直線や平面では「見るからにアキラカ」で説明不要であったことを，あえて言葉のロジックに乗せ，数学のいろいろな場面をその言葉で探求すれば，直線とも平面とも，慣れ親しんだ 3 次元空間とも様子の違う不思議な「空間」が，次々とみつかります．

# 演習

## 演習 I

十分大きなすべての実数が集合 $A$ に属するとは，ある実数 $a$ が存在して，$x > a$ をみたすすべての実数 $x$ が $A$ に属するという意味である．実数の集合(つまり $\mathbb{R}$ の部分集合)のうち，この意味で十分大きな実数をすべて含むものだけを集めて作った集合族を $\mathcal{F}$ とする．この $\mathcal{F}$ が次の条件をみたすことを確かめよ．

集合族 $\mathcal{F}$ の定義は，
$$\mathcal{F} = \{A \subset \mathbb{R} \mid \text{ある実数} a \text{が存在して，}(x > a \text{ならば} x \in A)\}$$
であり，この $\mathcal{F}$ について，確かめることは次のよっつでした：

(1) $\mathbb{R}$ は $\mathcal{F}$ に属する．

(2) 空集合 $\emptyset$ は $\mathcal{F}$ に属しない．

(3) $A$ が $\mathcal{F}$ に属するなら，$A \subset B \subset \mathbb{R}$ をみたす $B$ も $\mathcal{F}$ に属する．

(4) $A$ と $B$ が $\mathcal{F}$ に属するなら，共通部分 $A \cap B$ も $\mathcal{F}$ に属する．

まず(1)では，$\mathbb{R}$ 全体を $A$ としたときに，上に述べた $a$，すなわち，「$x > a$ であるすべての実数 $x$ について $x \in A$ となる」という条件をみたす $a$ の存在を示すことが求められています．いまは $A = \mathbb{R}$ なので，どんな実数 $a$ も，この条件をみたします．0 でも 1 でも 57 でも，好きな数をもってきて $a$ とよべばいいのですから，たとえば $a = 0$ として，《$x > 0$ のとき $x \in \mathbb{R}$ なので，$\mathbb{R} \in \mathcal{F}$ であり，(1)が成立する》と書けば立派な "正解" です．ここで 0 を選んだことに特別な理由はなく，1 でも 57 でも $\sqrt{43}$ でもよいのです．しかし，何かしら 1 個の実数を提示する必要があります．大学の数学に初めて触れる人の中には，こうした「正解がひとつでない状況」に戸惑う人も多いようです．しかし，正解(というか，条件に合致するもの)が複数あるというのは，数学において，ごく普通のことなのです．

次に(2)です．集合 $A$ が $\mathcal{F}$ に属するための条件をみたさないことを示すには，

どんな実数 $a$ をとっても，ある実数 $x$ が，$x > a$ であると同時に $x \notin A$ となる，ということを示さねばなりません．もちろん $A = \emptyset$ ならどんな $x$ も $x \notin A$ となるので，ここでは，与えられた $a$ に対して，何か $x > a$ をみたす $x$ を考えさえすればいいのです．これまた，何でもいいのですが，ここでは $x = a + 1$ としましょう．ですから，《どんな実数 $a$ についても，$a + 1 > a$ かつ $a + 1 \notin \emptyset$ なので，$\emptyset \notin \mathcal{F}$ であり，(2)が成立する》とすればよいでしょう．

また(3)では $A \in \mathcal{F}$ という前提から，実数 $a$ が何かしら存在して，$x > a$ であるようなすべての実数 $x$ が $A$ に属する，ということはすでにわかっています．いっぽう，$A \subset B$ というのは，$A$ に属するものは何であれ $B$ に属する，ということですから，同じ実数 $a$ について，$x > a$ であるようなすべての実数 $x$ が（それは $A$ に属するのだから）$B$ に属します．ですから，このとき $B \in \mathcal{F}$ です．

最後に(4)では，$A$ に関して条件をみたす実数 $a$ がとれ，$B$ に関して条件をみたす実数 $b$ をとれる，という状況において，$a$ と $b$ のうち大きいほうを改めて $c$ とよびましょう．すると $x > c$ となる実数 $x$ は $x > a$ も $x > b$ もみたすので，$A$ にも $B$ にも属する，すなわち $A$ と $B$ の共通部分 $A \cap B$ に属する，ということになります．$x > c$ となる実数 $x$ がすべて $A \cap B$ に属する，そういう実数 $c$ が存在するので，$A \cap B \in \mathcal{F}$ です．

## 演習 2

平面 $\mathbb{R}^2$ で距離 $d(P, Q)$ を
$$d(P, Q) = \sqrt{(p_1 - q_1)^2 + (p_2 - q_2)^2}$$
で定めたとき，任意の 3 点 A, B, C について**三角不等式**
$$d(A, C) \leqq d(A, B) + d(B, C)$$
が成立することを確かめよ．次に，3次元の座標空間 $\mathbb{R}^3$ の場合に同様にして，距離の定義を述べ，三角不等式が成立することを確認すること．一般の $n$ 次元空間 $\mathbb{R}^n$ への拡張についても検討してみよ．

一般の $n$ 次元空間 $\mathbb{R}^n$ は，集合としては $n$ 個の実数の並び $(x_1, \cdots, x_n)$ の全体です．この並び $(x_1, \cdots, x_n)$ のそれぞれを点とみなして，2 点 $P(p_1, \cdots, p_n)$ と $Q(q_1,$

$\cdots, q_n)$ の間の距離を

$$d(\mathrm{P}, \mathrm{Q}) = \sqrt{\sum_{k=1}^{n} (p_k - q_k)^2}$$

と定めます．三角不等式 $d(\mathrm{A}, \mathrm{C}) \leqq d(\mathrm{A}, \mathrm{B}) + d(\mathrm{B}, \mathrm{C})$ を確認しましょう．$\mathrm{A}(a_1,$ $\cdots, a_n), \mathrm{B}(b_1, \cdots, b_n), \mathrm{C}(c_1, \cdots, c_n)$ について $a_k - b_k = \alpha_k, \ b_k - c_k = \beta_k$ とおくと，

$$d(\mathrm{A}, \mathrm{B}) = \sqrt{\sum_{k=1}^{n} \alpha_k^2}, \quad d(\mathrm{B}, \mathrm{C}) = \sqrt{\sum_{k=1}^{n} \beta_k^2}, \quad d(\mathrm{A}, \mathrm{C}) = \sqrt{\sum_{k=1}^{n} (\alpha_k + \beta_k)^2}$$

なので，示すべきことは

$$\sqrt{\sum_{k=1}^{n} (\alpha_k + \beta_k)^2} \leqq \sqrt{\sum_{k=1}^{n} \alpha_k^2} + \sqrt{\sum_{k=1}^{n} \beta_k^2}$$

ということです．この両辺をそれぞれ2乗して比較すれば，鍵になるのは**コーシー‐シュワルツの不等式**，すなわち

$$\left( \sum_{k=1}^{n} \alpha_k \beta_k \right)^2 \leqq \sum_{k=1}^{n} \alpha_k^2 \cdot \sum_{k=1}^{n} \beta_k^2$$

とわかります．この不等式の証明は，次のようにすればよいでしょう．$\sum_{k=1}^{n} (\alpha_k + t\beta_k)^2 = \sum_{k=1}^{n} \alpha^2 + 2t \sum_{k=1}^{n} \alpha_k \beta_k + t^2 \sum_{k=1}^{n} \beta_k^2$ ですが，この2次式はすべての実数 $t$ について正またはゼロの値をとることから，判別式は負またはゼロとなります．すなわち $\left( \sum_{k=1}^{n} \alpha_k \beta_k \right)^2 - \left( \sum_{k=1}^{n} \alpha_k^2 \right) \left( \sum_{k=1}^{n} \beta_k^2 \right) \leqq 0$ です．

## 演習 3

平面 $\mathbb{R}^2$ における各点 P の近傍全体のなす集合族 $\mathcal{N}(\mathrm{P})$ とするとき，近傍フィルターの条件(1)-(5)を証明せよ．

フィルターの条件(1)から(4)までは，演習1の解答と同様です．「$a$ より大きな実数 $x$」という部分を「P までの距離が $r$ 未満の点」と読み換えて，議論をなぞってください．(5)の条件《$A \in \mathcal{N}(\mathrm{P})$ であるとき，P のある近傍 $W \in \mathcal{N}(\mathrm{P})$ が存在して，$W$ に属するすべての点 $\mathrm{P}' \in W$ に対して，$A \in \mathcal{N}(\mathrm{P}')$ となる》については，まず集合 $A$ が点 P の近傍なので，正の実数 $r$ を

$$d(\mathrm{P}, \mathrm{Q}) < r \quad \text{ならば} \quad \mathrm{Q} \in A$$

となるようにとれます．いま，$d(P, P') < r/2$ となる点 $P'$ を考えましょう．$d(P', Q) < r/2$ ならば，$d(P, P') < r/2$ と合わせて，三角不等式により $d(P, Q) < r$ となるので Q は集合 $A$ に属します．$A$ は点 $P'$ までの距離 $r/2$ 未満のすべての点を含むので，$P'$ の近傍でもあります．そこで，求める $W$ として，点 P までの距離が $r/2$ 未満であるような点 $P'$ の全体をとれば要件をみたします．

## 演習 4

> 直線および平面の近傍フィルターについて，
> $$A \in \mathcal{N}(P) \quad \text{ならば} \quad \{P' | A \in \mathcal{N}(P')\} \in \mathcal{N}(P)$$
> であることを証明せよ．

演習 4 は，実をいうと演習 3 の (5) を言いかえたものにすぎません．集合 $A$ が点 P の近傍なら，上に述べたことから，集合 $\{P' | A \in \mathcal{N}(P')\}$ は集合 $W$ を含みます．$W$ が P の近傍なので，$\{P' | A \in \mathcal{N}(P')\}$ も，近傍フィルターの条件 (3) により，P の近傍となるわけです．

ここではこの集合 $\{P' | A \in \mathcal{N}(P')\}$ そのものに注目しましょう．この集合を集合 $A$ の**内部**とよび，$\mathrm{Int}(A)$ と書きます．このとき $\mathbb{R}^n$ の任意の部分集合 $A$ と任意の点 P について

$$A \in \mathcal{N}(P) \Longleftrightarrow P \in \mathrm{Int}(A) \Longleftrightarrow \mathrm{Int}(A) \in \mathcal{N}(P)$$

となります．左の $\Longleftrightarrow$ は $\mathrm{Int}(A)$ の定義そのものであり，右の $\Longleftrightarrow$ はこの演習 4 で述べたことによります．これらの同値性が，空間 $\mathbb{R}^n$ における近傍の定義の詳細によらず，近傍フィルターの性質 (1)-(5) だけから導出できることに注目しておいてください．

# 第2章

# 近傍フィルターを
# 生み出すしくみ
## 距離関数と開集合系

　「近さ」という相対的で曖昧な概念を数学的にとらえ直すために，距離にもとづいて，平面上の各点 P に近傍フィルター $\mathcal{N}(\mathrm{P})$ という集合族を割りあてることが有効であろう，というのが第 1 章の話の要点でした．とくに近傍フィルター $\mathcal{N}(\mathrm{P})$ が

(1) 平面全体 $\mathbb{R}^2$ は $\mathcal{N}(\mathrm{P})$ に属する．

(2) $A \in \mathcal{N}(\mathrm{P})$ ならば $\mathrm{P} \in A$．

(3) $A \in \mathcal{N}(\mathrm{P})$ かつ $B \in \mathcal{N}(\mathrm{P})$ ならば $A \cap B \in \mathcal{N}(\mathrm{P})$．

(4) $A \subset B \subset \mathbb{R}^2$ かつ $A \in \mathcal{N}(\mathrm{P})$ ならば $B \in \mathcal{N}(\mathrm{P})$．

(5) $A \in \mathcal{N}(\mathrm{P})$ であるとき，P のある近傍 $W \in \mathcal{N}(\mathrm{P})$ が存在して，$\mathrm{P}' \in W$ であるような任意の点 $\mathrm{P}'$ について $A \in \mathcal{N}(\mathrm{P}')$ となる．

という 5 つの条件をみたしていることを確認しました．

　ここでわたくしたちは発想を逆転させます．

　集合 $X$ の各要素 $x$ に対して集合族 $\mathcal{N}(x)$ が対応していて，それが

(n1) 全体集合 $X$ は $\mathcal{N}(x)$ に属する．

(n2) $A \in \mathcal{N}(x)$ ならば $x \in A$．

(n3) $A \in \mathcal{N}(x)$ かつ $B \in \mathcal{N}(x)$ ならば $A \cap B \in \mathcal{N}(x)$．

(n4) $A \subset B \subset X$ かつ $A \in \mathcal{N}(x)$ ならば $B \in \mathcal{N}(x)$．

(n5) $A \in \mathcal{N}(x)$ であるとき，ある $W \in \mathcal{N}(x)$ が存在して，任意の要素 $y \in W$ について $A \in \mathcal{N}(y)$ となる.

という条件をみたしているならば，それで「近さ」を論じるための基盤となる構造がこの集合 $X$ に与えられたと考える，それが「位相空間」の考え方です.

すなわち，「限りなく近づく」という極限に関する概念を論じるにあたり，平面や直線から，慣れ親しんだ図形としての顔を剝ぎ取って，近傍フィルターという集合族だけにもとづいて論じることにしようというわけです.

# ▌距離空間

直線や平面をはじめとするユークリッド空間 $\mathbb{R}^n$ では，通常の距離関数を用いて近傍フィルターを定めることにより，直観的にイメージするとおりの「限りなく近づく」が再現できます. そこで用いられた方法を一般の集合に拡張すれば，しかるべき条件をみたす距離関数を与えることにより，どんな集合においても，近傍フィルターを定めて「限りなく近づく」という言葉の意味づけができるようになります. さっそく，その方法を説明しましょう.

> **定義** 集合 $X$ 上の**距離関数**とは，$X$ 上で定義され実数の値をとる 2 変数関数 $\rho(x,y)$ $(x,y \in X)$ であって，次の条件(m1)–(m4)をみたすもののことである.

(m1) すべての要素 $x \in X$ について，$\rho(x,x) = 0$.

(m2) すべての 2 要素 $x,y \in X$ について，$x \neq y$ であれば $\rho(x,y) > 0$. （正値性）

(m3) すべての 2 要素 $x,y \in X$ について，$\rho(x,y) = \rho(y,x)$. （対称性）

(m4) すべての 3 要素 $x,y,z \in X$ について，不等式
$$\rho(x,z) \leq \rho(x,y) + \rho(y,z)$$
が成立する. （三角不等式）

　ユークリッド空間 $\mathbb{R}^n$ の通常の距離 $d(\mathrm{P}, \mathrm{Q})$ は，たしかにこれらの条件をみたします．そして，近傍フィルターの性質(n1)–(n5)を保証するには，距離関数の性質(m1)–(m4)があれば十分です．

　距離関数の与えられた集合においては，近傍フィルターが定義でき，ユークリッド空間の場合をなぞるようにして，極限や連続性の議論ができます．距離関数の与えられた集合は，このようにして「空間」と見ることができるので，わたくしたちは

　　集合 $X$ と，その上の距離関数 $\rho(x, y)$ の組 $(X, \rho)$ をひとつの**距離空間**とよぶ

と定義するのです．

　距離空間においては，ユークリッド空間の場合と同様に，部分集合 $A \subset X$ と要素 $x \in X$ のあいだに，

　　ある正の数 $r$ が存在して，$\rho(x, y) < r$ をみたすすべての要素 $y \in X$ が $A$ に属する

という関係が成立しているときに，集合 $A$ を要素 $x$ のひとつの近傍とよぶことにします．この意味で要素 $x$ の近傍となるような部分集合 $A$ の全体を $\mathcal{N}(x)$ とすれば，近傍フィルターの条件(n1)–(n5)がみたされます．証明はユークリッド空間の場合と基本的に同じです．

　ですから，ユークリッド空間こそが距離空間の典型的な最初の例，いわばプロトタイプなのですが，数学の世界では，それ以外にもさまざまな距離空間が考えられています．

## 2 距離関数の例

　ユークリッド空間とは異なる距離空間の例をいくつか見ていきましょう．

**例 1**（$\mathbb{R}^2$ 上の距離 $d_1$ と $d_\infty$）　平面 $\mathbb{R}^2$ の 2 点 $\mathrm{P}(p_1, p_2)$ と $\mathrm{Q}(q_1, q_2)$ に対して，

$$d_1(\mathrm{P}, \mathrm{Q}) = |p_1 - q_1| + |p_2 - q_2|,$$

$$d_\infty(\mathrm{P}, \mathrm{Q}) = \max\{|p_1 - q_1|, |p_2 - q_2|\}$$

と定義しましょう．すると $d_1$ と $d_\infty$ はどちらも $\mathbb{R}^2$ 上の距離関数になります．これらは，通常の $d$ とは異なる距離関数であり，またお互いにも異なるので，$(\mathbb{R}^2, d)$ と $(\mathbb{R}^2, d_1)$ と $(\mathbb{R}^2, d_\infty)$ とは，距離空間としては異なるものと考えます．

**例 2**（$\mathbb{N}$ の冪集合上の距離）　一般に集合 $X$ の部分集合の全体 $\{A \mid A \subset X\}$ を $\mathcal{P}(X)$ と書いて，$X$ の**冪集合**とよびます．ここでは自然数全体の集合 $\mathbb{N}$ の冪集合 $\mathcal{P}(\mathbb{N})$ を考えます．ふたつの集合 $A, B \in \mathcal{P}(\mathbb{N})$ に対して，一方に入り他方に入らない自然数の全体を**対称差**

$$A \triangle B = (A \setminus B) \cup (B \setminus A)$$

で表します．$A = B$ であることと $A \triangle B = \emptyset$ であることは同値です．$A \neq B$ のとき，$A \triangle B$ に属する最小の自然数 $\min(A \triangle B)$ が存在するので，

$$\rho_0(A, B) = \begin{cases} 1/\min(A \triangle B) & (A \neq B \text{ のとき}) \\ 0 & (A = B \text{ のとき}) \end{cases}$$

と，$\mathcal{P}(\mathbb{N})$ 上の 2 変数関数 $\rho_0$ を定めることができます．このとき $\rho_0$ は $\mathcal{P}(\mathbb{N})$ 上の距離関数になっており，$(\mathcal{P}(\mathbb{N}), \rho_0)$ は距離空間になります．この距離空間は，位相空間論で活躍する**カントール空間**のひとつの実現方法になっています．

**例 3**（$p$ 進距離）　ゼロでない整数 $x$ が，素数 $p$ の冪 $p^0, p^1, \cdots, p^k$ で割り切れるが $p^{k+1}$ では割り切れないとき，$x$ における $p$ の指数を $i_p(x) = k$ と定めます．たとえば

$$i_2(8) = 3, \quad i_2(24) = 3, \quad i_2(48) = 4, \quad i_2(96) = 5,$$

$$i_3(8) = 0, \quad i_3(24) = 1, \quad i_3(48) = 1, \quad i_3(96) = 1$$

というわけです．ゼロだけはどんな $p^{k+1}$ でも割り切れてしまうので $i_p(0)$ は定義できません．ふたつの整数 $x$ と $y$ に対して，

$$d_p(x, y) = \begin{cases} p^{-i_p(x-y)} & (x \neq y \text{ のとき}) \\ 0 & (x = y \text{ のとき}) \end{cases}$$

と定めると，各素数 $p$ に対して，$d_p$ は $\mathbb{Z}$ 上の距離関数になります．この距離 $d_p$ は整数の $p$ **進距離**とよばれ，整数論で重要な役割を果たします．

**演習 1**

例 1～例 3 で定めた距離関数が本当に距離関数になっていることを検証せよ．

# 3 距離空間でない空間

このようにさまざまな距離空間が考えられますが，どんな集合のどんな近傍フィルターもなんらかの距離関数によって与えられるかというと，そうは問屋が卸しません．

たとえば実数の全体 $\mathbb{R}$ において，部分集合 $A \subset \mathbb{R}$ が実数 $x$ の "近傍" であるということを，《ある正の数 $r$ が存在して，$y-x<r$ であるような実数 $y$ がすべて $A$ に属すること》と定義したとします．近傍の条件となる不等式 $|y-x|<r$ の絶対値記号がなくなったことを別にすれば，あとは通常の近傍の定義と同じです．通常の意味での近傍と区別するために引用符でくくって "近傍" と書きました．

**図 1**　実数 $x$ の "近傍" のイメージ

このように定義された，実数 $x$ の "近傍" の全体を $\mathcal{N}^-(x)$ とすれば，$\mathcal{N}^-(x)$ は近傍フィルターの条件(n1)-(n5)をみたします．

これは，より正確には《近傍フィルターの条件(n1)-(n5)で $\mathcal{N}(x)$ となっているところをすべて $\mathcal{N}^-(x)$ と読み替えたものが成立する》とでも言うべきところですが，今回のように記号の対応がわかりやすい場合には，単に《$\mathcal{N}^-(x)$ が近傍フィルターの条件(n1)-(n5)をみたす》と言っても大丈夫でしょう．こういう言

い方は，今後も出てきます．

　では，この“近傍”のつくる近傍フィルター $\mathcal{N}^-(x)$ は，なんらかの距離関数によって定められる近傍フィルターと一致するでしょうか．そうでないことは，次のようにして確かめられます．

　まず，$\rho(x,y)$ を $\mathbb{R}$ におけるなんらかの距離関数としましょう．通常の距離とは限りません．ともかく，距離関数の条件(m1)-(m4)をみたす2変数関数だとします．そこで，$(\mathbb{R}, \rho)$ はひとつの距離空間となります．この距離空間は距離関数 $\rho$ の選び方によって，一般には数直線とは異なる構造をもつことになりますが，どのように距離関数 $\rho$ を選んだところで，この距離空間の近傍フィルターとして上に定めた“近傍”のフィルター $\mathcal{N}^-(x)$ が得られることは絶対にないことを，いまから証明します．

　実数 0 と実数 1 はもちろん異なるので，距離関数の条件(m2)から $\rho(0,1) > 0$ のはずです．正の数 $r$ を $r = \rho(0,1)/2$ と定め，

$$U = \{x \in \mathbb{R} \mid \rho(x,0) < r\}, \qquad V = \{x \in \mathbb{R} \mid \rho(x,1) < r\}$$

という集合 $U$ と $V$ を考えましょう．集合 $U$ は距離空間 $(\mathbb{R}, \rho)$ における 0 の近傍であり，また集合 $V$ は距離空間 $(\mathbb{R}, \rho)$ における 1 の近傍です．そして，この集合 $U$ と $V$ は共通の要素をもちません．実数 $x$ が $U$ と $V$ の両方に属するとしたら，$\rho(x,0) < r$ かつ $\rho(x,1) < r$ となります．このとき，距離関数の対称性から $\rho(0,x) = \rho(x,0) < r$ であり，三角不等式から $\rho(0,1) \leqq \rho(0,x) + \rho(x,1) < r + r = \rho(0,1)$，すなわち，$\rho(0,1) < \rho(0,1)$ が成立せねばなりませんが，そんなことは不可能です．したがって，どんな実数も $U$ と $V$ の両方に属することはなく，$U$ と $V$ には共通の要素がないのです．

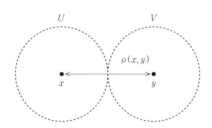

**図2**　距離空間の異なる2点は交わらない近傍をもつ

　いっぽう，実数 1 の "近傍" がすべて実数 0 の "近傍" でもあることに注意します．というのも，実数の集合 $A$ が数 1 の "近傍" であるということは，なんらかの正の実数 $r$ について，

　　$y-1 < r$　ならば　$y \in A$

が成立するということです．ところが，もしも $y-0 < r$ であれば，なおのこと $y-1 < r$ のはずですから，同じ集合 $A$ と同じ正の実数 $r$ について，

　　$y-0 < r$　ならば　$y \in A$

も成立するはずです．そのような $r$ が存在することは，この集合 $A$ が数 0 の "近傍" であることを意味します．ですからこの "近傍" の定め方によれば，数 1 の "近傍" $V$ と，それと共通の要素をもたない，数 0 の "近傍" $U$ というふたつの集合は選びようがありません．

　このように，距離空間における近傍は，異なる 2 点に対して，それぞれの近傍を共通の要素をもたないように，いつでも選べるのですが，わたくしたちの "近傍" のほうは，そうなっていません．

　こうして，わたくしたちの定めた "近傍" の全体は，いかなる距離関数によっても定められない近傍フィルターの例になっています．

# 4 近傍フィルターから開集合へ

　距離空間では各要素の近傍フィルターが定まるが，いっぽうで距離関数から作られるのではない近傍フィルターもある，という，ふたつのことがここまでにわかりました．距離関数は，近傍フィルターを生み出すしくみとして十分なものですが，かならずしも必要不可欠ではないのです．

　近傍フィルターの構造を定めるのに必要かつ十分なものとして，よく用いられるのが，**開集合系**の概念です．位相空間の概念を定義するにあたって，開集合系から出発するのが，こんにちでは定石となっています．

　第 1 章の演習 4 で平面の部分集合 $A$ に対して集合 $\{P' \mid A \in \mathcal{N}(P')\}$ を考えたことを思い出してください．あの話を，平面に限らず一般の近傍フィルターでやってみます．集合 $X$ の各要素 $x$ にフィルター $\mathcal{N}(x)$ が対応していて，それが近傍フィルターの条件 (n1)-(n5) をみたしているとしましょう．この状況で，部分集

合 $A \subset X$ に対して，$A$ が $x$ の近傍となるような要素 $x$ 全体の集合 $\{x \mid A \in \mathcal{N}(x)\}$ を $\operatorname{Int}(A)$ と書いて $A$ の**内部**とよび，その要素を $A$ の**内点**とよぶことにします．この定義からただちに

$$A \in \mathcal{N}(x) \Longleftrightarrow x \in \operatorname{Int}(A)$$

ですが，14 ページで指摘したように，$A \in \mathcal{N}(x)$ のとき $\operatorname{Int}(A) \in \mathcal{N}(x)$ でもあります．そこで

$$A \in \mathcal{N}(x) \Longleftrightarrow x \in \operatorname{Int}(A) \Longleftrightarrow \operatorname{Int}(A) \in \mathcal{N}(x)$$

が成立します．この式の右側の同値性

$$x \in \operatorname{Int}(A) \Longleftrightarrow \operatorname{Int}(A) \in \mathcal{N}(x)$$

に注目しましょう．右辺は集合 $\operatorname{Int}(A)$ が要素 $x$ の近傍であるという意味ですから，この集合 $\operatorname{Int}(A)$ は，それに属するすべての点の近傍である，という性質をもつことがわかります．このことは，

$$\operatorname{Int}(\operatorname{Int}(A)) = \operatorname{Int}(A)$$

と表現することもできます．

そこで，$A$ が $x$ の近傍であるとき，$x \in U \subset A$ かつ $\operatorname{Int}(U) = U$ という条件をみたす集合 $U$ が存在します．これは $\operatorname{Int}(A)$ を $U$ とすればいいだけのことです．関係 $\operatorname{Int}(A) \subset A$ を断わりなしに用いていますが，これが一般に成立することを示すのは演習問題（演習 2）とします．

いっぽう逆に，$x \in U \subset A$ かつ $\operatorname{Int}(U) = U$ をみたすなんらかの集合 $U$ が存在するならば，$x \in U = \operatorname{Int}(U)$ すなわち $x \in \operatorname{Int}(U)$ なので $U$ は $x$ の近傍であり，近傍フィルターの性質(n4)により，このとき $A$ も $x$ の近傍となります．

以上の考察から，どの集合 $A$ がどの要素 $x$ の近傍であるかは，どの集合 $U$ について等式 $\operatorname{Int}(U) = U$ が成立するかによって決定されてしまう，ということがわかったわけです．

## 演習 2

近傍フィルターの条件(n1)–(n5)と，上に述べた $\operatorname{Int}(A)$ の定義から，$\operatorname{Int}(A) \subset A$ と $\operatorname{Int}(A \cap B) = (\operatorname{Int}(A)) \cap (\operatorname{Int}(B))$ を導け．

いま，集合 $X$ の部分集合 $U$ が等式

$$\mathrm{Int}(U) = U$$

をみたすときに，これを**開集合**とよぶことにします．すると，上に述べたことは，

- 部分集合 $A$ が要素 $x$ の近傍 $\Longleftrightarrow$ ある開集合 $U$ について $x \in U \subset A$.
- どんな部分集合 $A$ についても $\mathrm{Int}(A)$ は開集合.

というふたつにまとめられます．

こうして，近傍フィルターの与えられた集合 $X$ においては，どんな部分集合 $A \subset X$ とどんな要素 $x \in X$ についても，次のよっつが同値になります．

- $A \in \mathcal{N}(x)$，すなわち $A$ が $x$ の近傍であること.
- $x \in \mathrm{Int}(A)$，すなわち $x$ が $A$ の内部に属すること.
- $x$ が $A$ の内点であること.
- $x \in U \subset A$ をみたす開集合 $U$ が存在すること.

これらはいずれも「要素 $x$ に十分近いすべての要素が集合 $A$ に属する」ということ，すなわち，次の図 3 のような事態を表現しています．

このように「近傍」「内部」「内点」「開集合」というよっつの言葉が，お互いにからみあうように関連しあいながら，同じひとつの事態を表現しています．その

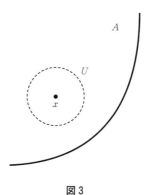

図 3

ことに注目すれば，話を逆にたどって，開集合から出発して近傍フィルターを定義することもできるわけです．

以上のことを背景として，こんにちの多くのテキストでは，位相空間の概念を定義するにあたって，集合 $X$ の各要素に対してその近傍フィルターが与えられている状況から出発するかわりに，集合 $X$ の部分集合のうち，どれを開集合とよぶかが指定されているという状況から出発します．

# 5 開集合系から近傍フィルターへ

これまでの話を振り返ると，

- 集合 $X$ の各要素 $x$ に対応づけられたフィルター $N(x)$ がしかるべき条件をみたせば，何であれそれを近傍フィルターとみなす．
- 集合 $X$ 上で定義された実数値の 2 変数関数 $\rho(x, y)$ がしかるべき条件をみたせば，何であれそれを距離関数とよぶ．

というように，プロトタイプといえる平面 $\mathbb{R}^2$ の場合から，近傍や距離のふるまいの要となる性質を抽出してきて，その性質をいわば公理として，「近傍」とか「距離」といったものの一般論を展開してきました．距離があればそれを用いて近傍を定めることができるけれども，近傍は距離を定めない，ということも指摘しました．

近傍フィルターが定められていれば開集合が定まるということは上に見たとおりです．いっぽう，先に開集合を定めてから遡って近傍フィルターを定めることも可能です．そして，それには，開集合の全体，すなわち**開集合系**の要となる性質（いわば開集合の公理）を述べる必要があります．

開集合系の要となる性質は次のみっつです．

- 空集合 $\emptyset$ と全体集合 $X$ はいずれも開集合である．
- $A$ と $B$ が開集合なら共通部分 $A \cap B$ も開集合である．
- 開集合ばかりからなる部分集合族 $\mathcal{A}$ があるとき，その和集合 $\bigcup \mathcal{A}$ もまた

　　開集合である.

先へ進む前に補足しますが，集合族 $\mathcal{A}$ の和集合 $\bigcup\mathcal{A}$ とは，集合族 $\mathcal{A}$ の少なくとも 1 個のメンバーの要素になるもの全体の集合です. すなわち

　　　$x \in \bigcup\mathcal{A} \Longleftrightarrow$ ある $A \in \mathcal{A}$ について $x \in A$

です. たとえば $\mathcal{A} = \{A_1, A_2, A_3, \cdots\}$ だったら

　　　$\bigcup\mathcal{A} = A_1 \cup A_2 \cup A_3 \cup \cdots$

となるわけですが，一般に集合族で考えておけば，整然と添字づけされていない場合を扱うこともできて便利です.

　　**定義**　集合 $X$ の部分集合族 $\mathcal{O}$ が次の条件(o1)–(o3)をみたすならば，$\mathcal{O}$ を $X$ 上のひとつの**開集合系**とよぶ.

　　　(o1) $\emptyset \in \mathcal{O}$ かつ $X \in \mathcal{O}$.

　　　(o2) $A \in \mathcal{O}$, $B \in \mathcal{O}$ のとき $A \cap B \in \mathcal{O}$.

　　　(o3) $X$ の部分集合族 $\mathcal{A}$ について $\mathcal{A} \subset \mathcal{O}$ ならば $\bigcup\mathcal{A} \in \mathcal{O}$.

　　このとき $\mathcal{O}$ に属する集合を開集合とよぶ.

　ここまでに話してきた近傍フィルターの文脈で定義される開集合とは，等式 $\mathrm{Int}(U) = U$ をみたす集合 $U$，いいかえれば

　　　$x \in U \Longleftrightarrow U \in \mathcal{N}(x)$

をみたす集合 $U$ のことでした. この意味での開集合の全体を $\mathcal{O}$ とすれば，たしかにここでいう条件(o1)–(o3)が成立します.

**演習 3**

　このことを確かめよ.

ですから，近傍という言葉の意味がしかるべく定まっていれば，開集合という言葉の意味も定まります．

逆に，(o1)–(o3)をみたす部分集合族 $\mathcal{O}$ が先に与えられていて，その意味で開集合という言葉の意味が先に定まっていた場合に，各要素 $x \in X$ に対して，

$$\mathcal{N}(x) = \{A \subset X \,|\, \text{ある開集合 } U \in \mathcal{O} \text{ が存在して } x \in U \subset A\}$$

によって $\mathcal{N}(x)$ を定めると，近傍フィルターの条件(n1)–(n5)が成立し，そしてこの近傍フィルターの意味で定まる開集合の全体がもとの $\mathcal{O}$ に一致します．

話の前後の辻褄がきちんと合っています．どの部分集合がどの要素の近傍になっているか決めることと，どの部分集合を開集合とよぶか決めること，このふたつが同等であるとわかったわけです．

このような事情をふまえて，わたくしたちは

集合 $X$ と，その上の開集合系 $\mathcal{O}$ の組 $(X, \mathcal{O})$ をひとつの**位相空間**とよぶ

と定義します．位相空間は，《どの部分集合を開集合とよぶかが指定された集合》であり，また《どの部分集合がどの要素の近傍であるかが指定された集合》でもあります．この位相空間が，わたくしたちの今後の考察の対象となります．

開集合系や近傍フィルターが与えられていることを別にすれば，位相空間はまったく一般の集合なのですが，開集合系によってその集合に位相が与えられ，空間的な広がりを論じられるようになったのです．そこで，ユークリッド空間の点にならって，今後は一般の位相空間の要素のことをも「点」とよぶことにします．そのような空間扱いをしていない単なる集合の要素のことは，引き続き「要素」とよびます．

わたくしたちは直線や平面の点の「近さ」のイメージを出発点として，近傍フィルターの条件(n1)–(n5)をみたすフィルターとか，開集合系の条件(o1)–(o3)をみたす集合族という，とても一般的で抽象的な条件を取り出しました．まずは，とても抽象的なこの設定のもとで，数列の極限とか関数の連続性といった視覚的・直観的なことばや，空間的な広がりといったイメージを，論理のことばでとらえ直しましょう．

# 演習

## 演習 I

18 ページで例示された関数が本当に距離関数の条件をみたすことを検証せよ.

集合 $X$ における距離関数とは, 実数値の 2 変数関数 $d(x, y)$ $(x, y \in X)$ であって,

(m1) $d(x, x) = 0$,
(m2) $x \neq y$ のとき $d(x, y) > 0$,
(m3) $d(x, y) = d(y, x)$,
(m4) $d(x, z) \leqq d(x, y) + d(y, z)$

というよっつの条件をみたすもののことです. 18 ページにあげた例を順に検討します.

(例 1)　平面 $\mathbb{R}^2$ 上で 2 点 $\mathrm{P}(p_1, p_2)$ と $\mathrm{Q}(q_1, q_2)$ に対して
$$d_1(\mathrm{P}, \mathrm{Q}) = |p_1 - q_1| + |p_2 - q_2|,$$
$$d_\infty(\mathrm{P}, \mathrm{Q}) = \max\{|p_1 - q_1|, |p_2 - q_2|\}$$
と定めます.

平面上の通常の距離とは異なりますが, これらが距離関数の条件 (m1)-(m4) をみたすことを示すのはそう難しくはないでしょう. $d_\infty$ が (m4) をみたすことを示すところで, 少しまごつくかもしれませんが, 絶対値の三角不等式 $|x+y| \leqq |x| + |y|$ を用いればできます. みっつの点 $\mathrm{A}(a_1, a_2), \mathrm{B}(b_1, b_2), \mathrm{C}(c_1, c_2)$ があったとき, $i = 1, 2$ のどちらにしても $|a_i - c_i| \leqq |a_i - b_i| + |b_i - c_i| \leqq d_\infty(\mathrm{A}, \mathrm{B}) + d_\infty(\mathrm{B}, \mathrm{C})$ となるので, $d_\infty(\mathrm{A}, \mathrm{C}) = \max\{|a_1 - c_1|, |a_2 - c_2|\} \leqq d_\infty(\mathrm{A}, \mathrm{B}) + d_\infty(\mathrm{B}, \mathrm{C})$ というわけです.

（例2）　自然数の集合 $\mathbb{N}$ の冪集合 $\mathscr{P}(\mathbb{N}) = \{A \mid A \subset \mathbb{N}\}$ を考え，ふたつの集合 $A, B \in \mathscr{P}(\mathbb{N})$ に対して，$A \neq B$ なら $\rho_0(A, B) = 1/\min(A \triangle B)$ とし，$A = B$ のときは $\rho_0(A, B) = 0$ と定めます．ここで，$A \triangle B$ は $A$ と $B$ の一方だけに入る要素の全体で，$A$ と $B$ の対称差とよばれます．

これも(m1)から(m3)までは容易でしょう．(m4)だけは，少し工夫が必要かもしれません．まず $\rho_0$ の定め方から

$$\rho_0(A, B) \leq 1/n \Longleftrightarrow k < n \text{ なら } (k \in A \Longleftrightarrow k \in B)$$

となることに注意しましょう．だから $\rho_0(A, B), \rho_0(B, C) \leq 1/n$ のとき，$k = 1$, $2, \cdots, n-1$ に対しては $k \in A \Longleftrightarrow k \in B \Longleftrightarrow k \in C$ なので $k \in A \Longleftrightarrow k \in C$，したがって $k \notin A \triangle C$ です．このことから $\rho_0(A, C) \leq 1/n$ となります．ということは，$\rho_0(A, C)$ は $\rho_0(A, B)$ と $\rho_0(B, C)$ の大きいほうを決して越えないわけで，三角不等式(m4)より強い**超距離不等式**：

$$\rho_0(A, C) \leq \max\{\rho_0(A, B), \rho_0(B, C)\}$$

が成立しています．


（例3）　素数 $p$ を固定したとき．整数 $x$ が $p^0, p^1, \cdots, p^k$ で割り切れるが $p^{k+1}$ では割り切れないような，ただひとつの整数 $k \geq 0$ を，$x$ における $p$ の指数 $i_p(x)$ とよぶことにして，ふたつの整数 $x$ と $y$ に対して $x \neq y$ のとき $d_p(x, y) = p^{-i_p(x-y)}$ とし，$x = y$ のときは $d_p(x, y) = 0$ と定めます．

これは整数の $p$ 進距離とよばれ，整数論において活躍するものです．これも(m1)から(m3)までは簡単でしょうから，(m4)だけやります．関数 $d_p$ の定義から

$$d_p(x, y) \leq p^{-k} \Longleftrightarrow x = y \text{ または } i_p(x-y) \geq k$$

で，$x - y$ が $p^k$ で割り切れることと $d_p(x, y) \leq p^{-k}$ が同値です．整数 $x - y$ と $y - z$ の両方が $p^k$ で割り切れればその和 $x - z$ も $p^k$ で割り切れるはずだから，$d_p(x, y)$ と $d_p(y, z)$ の両方が $p^{-k}$ 以下ならば $d_p(x, z)$ も $p^{-k}$ 以下であり，$d_p(x, z)$ は $d_p(x, y)$ と $d_p(y, z)$ の大きいほうを決して越えることがありません．すなわちこの $d_p$ も，例2の $\rho_0$ と同じく超距離不等式

$$d_p(x, z) \leq \max\{d_p(x, y), d_p(y, z)\}$$

をみたすことになります．

例 2 の $\rho_0$ や例 3 の $d_p$ のような超距離不等式をみたす距離関数をもつ距離空間のことを，一般に**非アルキメデス的**な距離空間とよびます．

### 演習 2

近傍フィルターの条件(n1)-(n5)と，内部 $\mathrm{Int}(A)$ の定義から，$\mathrm{Int}(A) \subset A$ と $\mathrm{Int}(A \cap B) = (\mathrm{Int}(A)) \cap (\mathrm{Int}(B))$ を導け．

　近傍フィルターの条件(n1)-(n5)については 15 ページを見てください．近傍フィルターが与えられた集合 $X$ において，部分集合 $A \subset X$ を近傍とする点全体の集合 $\{x \,|\, A \in \mathcal{N}(x)\}$ のことを $A$ の内部とよび，$\mathrm{Int}(A)$ と書くことにしたのでした．

　まず，$\mathrm{Int}(A) \subset A$ となることを示します．$\mathrm{Int}(A)$ の任意の要素 $x \in \mathrm{Int}(A)$ について，内部の定義から $A \in \mathcal{N}(x)$ ですが，条件(n2)によると，このとき $x \in A$ となります．ですから $\mathrm{Int}(A)$ の要素はどれも $A$ の要素でもあり，$\mathrm{Int}(A) \subset A$ です．次に等式 $\mathrm{Int}(A \cap B) = (\mathrm{Int}(A)) \cap (\mathrm{Int}(B))$ を示します．$x \in \mathrm{Int}(A \cap B)$ なら，内部の定義から $A \cap B \in \mathcal{N}(x)$ で，このことと $A \cap B \subset A$ から条件(n4)により $A \in \mathcal{N}(x)$，ふたたび内部の定義から $x \in \mathrm{Int}(A)$．同様に $A \cap B \subset B$ から $B \in \mathcal{N}(x)$，したがって $x \in \mathrm{Int}(B)$ となり，$x \in (\mathrm{Int}(A)) \cap (\mathrm{Int}(B))$ です．逆に $x \in (\mathrm{Int}(A)) \cap (\mathrm{Int}(B))$ なら，$x \in \mathrm{Int}(A)$ より $A \in \mathcal{N}(x)$，また $x \in \mathrm{Int}(B)$ より $B \in \mathcal{N}(x)$ で，$A, B \in \mathcal{N}(x)$ から条件(n3)により $A \cap B \in \mathcal{N}(x)$，したがって $x \in \mathrm{Int}(A \cap B)$ となります．このように $x \in \mathrm{Int}(A \cap B)$ と $x \in (\mathrm{Int}(A)) \cap (\mathrm{Int}(B))$ は互いに同値であり，$\mathrm{Int}(A \cap B) = (\mathrm{Int}(A)) \cap (\mathrm{Int}(B))$ が示されました．

### 演習 3

集合 $X$ の各要素に近傍フィルターが与えられているとき，等式 $\mathrm{Int}(U) = U$ をみたす $X$ の部分集合 $U$，いいかえれば $x \in U \Longleftrightarrow U \in \mathcal{N}(x)$ をみたす集合 $U \subset X$ を開集合とよんで，その全体を $\mathcal{O}$ とすれば，開集合系の条件(o1)-(o3)が成立する．このことを確かめよ．

開集合系の条件を再掲すれば，集合 $X$ の部分集合族 $\mathcal{O}$ についての

(o1) $\emptyset \in \mathcal{O}$ かつ $X \in \mathcal{O}$.

(o2) $A \in \mathcal{O}$ かつ $B \in \mathcal{O}$ のとき $A \cap B \in \mathcal{O}$.

(o3) $X$ の任意の部分集合族 $\mathcal{A}$ について $\mathcal{A} \subset \mathcal{O}$ ならば $\bigcup \mathcal{A} \in \mathcal{O}$.

という3条件でした．

まず(o1)．どんな要素 $x \in X$ のどんな近傍 $A \in \mathcal{N}(x)$ も，条件(n2)により $x \in A$ だから $A \neq \emptyset$，したがってどんな要素 $x$ についても $\emptyset \notin \mathcal{N}(x)$ です．このことから $\mathrm{Int}(\emptyset) = \emptyset$，したがって $\emptyset \in \mathcal{O}$ となります．また条件(n1)からすべての要素 $x \in X$ で $X \in \mathcal{N}(x)$，したがって $x \in \mathrm{Int}(X)$ なので $\mathrm{Int}(X) = X$ となり，$X \in \mathcal{O}$ です．次に(o2)．$A, B \in \mathcal{O}$ とすると $\mathrm{Int}(A) = A$，$\mathrm{Int}(B) = B$ となり，演習2で示した等式により，

$$\mathrm{Int}(A \cap B) = (\mathrm{Int}(A)) \cap (\mathrm{Int}(B)) = A \cap B$$

となって $\mathrm{Int}(A \cap B) = A \cap B$，したがって $A \cap B \in \mathcal{O}$ となります．最後の(o3)ですが，演習2で示した包含関係から $\mathrm{Int}(\bigcup \mathcal{A}) \subset \bigcup \mathcal{A}$ なので逆向きの包含関係だけ示します．$x \in \bigcup \mathcal{A}$ とは，$x \in U \in \mathcal{A}$ となる集合 $U$ が存在するということです．いま $\mathcal{A} \subset \mathcal{O}$ だったので $U \in \mathcal{O}$ で，等式 $\mathrm{Int}(U) = U$ が成立し，$x \in \mathrm{Int}(U)$，したがって $U \in \mathcal{N}(x)$ です．いっぽう，$U$ の要素はすべて和集合 $\bigcup \mathcal{A}$ に属するので $U \subset \bigcup \mathcal{A}$ で，このことと条件(n4)により $\bigcup \mathcal{A} \in \mathcal{N}(x)$，したがって $x \in \mathrm{Int}(\bigcup \mathcal{A})$ となります．このように $\bigcup \mathcal{A}$ の要素はすべて $\mathrm{Int}(\bigcup \mathcal{A})$ に属するので $\bigcup \mathcal{A} \subset \mathrm{Int}(\bigcup \mathcal{A})$ が示されました．

今回の演習2と演習3は，いわば定義をいじくる論理パズルにすぎません．しかし，位相の定義を使いこなせるようになるためにも，このような考察を一度は経験しておくべきだと思います．

# 第3章

# 連続写像の概念

## ▌位相空間の例

第2章では，近傍という概念が意味をなすための一般的な枠組みとして，開集合系を備えた集合を考え，それを位相空間とよぶ，という話をしました．さっそく，位相空間の例をいくつか紹介することにします．

### ◉ユークリッド空間・距離空間

近傍という概念のもとになったアイデアは，直線 $\mathbb{R}^1$ や平面 $\mathbb{R}^2$ での，「点 P に十分近い点をすべて含む集合」でした．このアイデアは，$n$ 次元空間，すなわち $n$ 個の実数の組がなす集合

$$\mathbb{R}^n \stackrel{\text{def}}{=} \{(x_1, x_2, \cdots, x_n) \mid x_1, x_2, \cdots, x_n \text{ は実数}\}$$

にまで，ほぼ変更なしに拡張されます．ふたつの点 $\mathrm{P}(p_1, p_2, \cdots, p_n)$ と $\mathrm{Q}(q_1, q_2, \cdots, q_n)$ に対して

$$d(\mathrm{P}, \mathrm{Q}) = \sqrt{\sum_{i=1}^{n} (p_i - q_i)^2}$$

と定めれば，この $d(-, -)$ は距離関数になります．この距離関数を用いて，$\mathbb{R}^n$ の部分集合 $A$ が P の近傍であるということを，ある正の数 $r$ について

$$\{\mathrm{Q} \in \mathbb{R}^n \mid d(\mathrm{P}, \mathrm{Q}) < r\} \subset A$$

となることだと定めます．この左辺の集合は，点 P の $r$-近傍とよばれます．わたくしたちはこれを $U_d(\mathrm{P}, r)$ と書くことにします：

$$U_d(\mathrm{P}, r) = \{Q \in \mathbb{R}^n \mid d(\mathrm{P}, Q) < r\}.$$

すると，集合 $A$ が開集合であることは，$A$ がそのすべての要素の近傍であること
なので，

> $A$ に属するすべての点 P に対して，正の数 $r$ が存在して $U_d(\mathrm{P}, r) \subset A$ とな
> ること

と表現できます．このとき開集合の全体が第 2 章 25 ページの条件 (o1)–(o3) をみ
たすことは，これまで議論してきたとおりです．

　同じことは，ほかの距離空間にも言えます．距離空間 $(X, \rho)$ の点 $p$ と正の数 $r$
に対して，集合

$$U_\rho(p, r) \stackrel{\text{def}}{=} \{x \in X \mid \rho(x, p) < r\}$$

と定めて，この集合を $p$ の $r$-**近傍**とよびます．すると，$X$ の点 $p$ の近傍とは，あ
る正の数 $r$ について $p$ の $r$-近傍 $U_\rho(p, r)$ を含む集合のことです．また $X$ の部分
集合が開集合であるとは，

> $A$ に属するすべての点 $p$ に対して，正の数 $r$ が存在して $U_\rho(p, r) \subset A$ とな
> ること

となります．こうして，ユークリッド空間をはじめとする距離空間は，その距離
関数の定める開集合系のもとで位相空間となります．

### 演習 I

> この定義のもとで，距離空間 $(X, \rho)$ のすべての点 $p$ とすべての正の数 $r$ に
> 対して，$U_\rho(p, r)$ 自身がひとつの開集合であることを証明せよ．

### ●密着位相空間

　空でない集合 $X$ に対して $\mathcal{O} = \{\emptyset, X\}$ と定めたとします．つまり，空集合と $X$

全体だけを開集合とよぶことにしましょう．すると，開集合系の条件(o1)-(o3)はたしかにみたされ，$(X, \mathcal{O})$ は位相空間になります．この位相空間においては，各点 $p$ の近傍は $X$ 全体だけになり，近傍から排除される「近くない点」というものが存在しません．すべての点がお互いの十分近くにいることになるこの位相空間を**密着位相空間**といいます．

### ●離散位相空間

集合 $X$ に対して，その部分集合全体のなす集合族を $X$ の**冪集合**とよび，$\mathcal{P}(X)$ と書きます．いま $X$ の部分集合族 $\mathcal{O}$ としてこの $\mathcal{P}(X)$ をとれば，(o1)-(o3)がみたされるので，$(X, \mathcal{P}(X))$ は位相空間になります．この位相空間ではすべての部分集合が開集合であり，部分集合 $A$ が点 $p$ の近傍であるためには，ただ $p \in A$ でありさえすればよいのです．とくに $p$ だけを要素とする単元集合 $\{p\}$ も $p$ の近傍です．ということは，近傍のとり方によっては，十分近い点は自分だけということになり，孤立するわけです．すべての点がお互いに離れて孤立しているこの位相空間のことを，**離散位相空間**といいます．離散位相空間は，それだけだとつまらない例のように見えますが，ほかの位相空間を構成する材料としてしばしば有効に使われます．

### ●ゾルゲンフライ直線

実数全体の集合 $\mathbb{R}$ を，1次元ユークリッド空間 $\mathbb{R}^1$ と区別するために，ここでは $\mathbb{S}$ と書きます．$\mathbb{S}$ の点(すなわち実数) $p$ に対して，部分集合 $A \subset \mathbb{S}$ が $p$ の近傍となるのは，ある数 $q$ が存在して，$q < p$ であり，かつ $q < x \leqq p$ である実数 $x$ がすべて $A$ に属するときだと定めましょう．これにより $\mathbb{S}$ の各点に近傍フィルターが定まり，$\mathbb{S}$ は位相空間となります．

一般に，$\alpha < \beta$ であるような実数 $\alpha$ と $\beta$ に対して，$\alpha$ より大きくて $\beta$ 以下である実数 $x$ のなす集合を $(\alpha, \beta]$ と書き，$\alpha$ を左端，$\beta$ を右端とする**左半開区間**とよ

**図1**　ゾルゲンフライ直線 $\mathbb{S}$ における点 $p$ の近傍のイメージ

びます.
$$(\alpha, \beta] \overset{\text{def}}{=} \{x \in \mathbb{R} \mid \alpha < x \leqq \beta\}.$$
また, 同様に右半開区間 $[\alpha, \beta)$ も定義できます. こちらは, $\alpha$ 以上 $\beta$ 未満の実数のなす集合です.

空間 $\mathbb{S}$ の部分集合 $A$ が開集合であるためには,

$$p \text{ が } A \text{ に属するとき, 正の数 } r \text{ が存在して } (p-r, p] \subset A \text{ となること}$$

が条件となります. この位相空間 $\mathbb{S}$ は**ゾルゲンフライ直線**とよばれます. ゾルゲンフライ直線は位相空間の理論でいろいろの例として有用です.

# 2 写像について

写像の概念は, 関数という概念を数でないものにまで一般化したものです.

集合 $A$ の各要素 $a$ に対して集合 $B$ の要素 $b$ がひとつだけ対応するとき, その対応を $A$ から $B$ への**写像**であるといい, それにたとえば $f$ という名前をつけて,
$$f: A \to B$$
と書きます. この式は《$f$ は $A$ から $B$ への写像である》と読みます. 写像 $f$ によって $A$ の要素 $a$ に対応させられる $B$ の要素は, $a$ における $f$ の**値**とよばれ, $f(a)$ と書かれます. 集合 $A$ は $f$ の**定義域**とよばれます. $f: A \to B$ のときの $B$ には, とくに定まった用語がないのですが, $f$ の**ターゲット**あるいは**終域**とよばれることがあります. わたくしたちとしてはターゲットとよぶことにしましょう.

集合論にもとづく現代の数学では, 関数とは, とくに数を値とする写像のことと理解されます.

簡単な例で言えば, 文字 $x$ に関する $x^2+x-12$ という 2 次式は, そのままではあくまで単なる式です. これをたとえば《$x$ が実数全体の範囲を動くものとして, 各 $x$ に対して $x^2+x-12$ という実数を対応させる》とまで言って, はじめてひとつの写像, すなわち関数が定まるのです. この場合のように, 要素間の対応を明記したいときには
$$f: \mathbb{R} \to \mathbb{R}; \quad x \mapsto x^2+x-12$$

のように，縦棒つき矢印 ↦ を用います.

　対応を記述する式が同じでも，定義域を自然数の全体に変えた

　　$g: \mathbb{N} \to \mathbb{R}; \quad x \mapsto x^2 + x - 12$

は，$f$ とは異なる関数です. 違う定義域をもつ関数はそれぞれ別物なのです.

　それどころか，関数は式で記述できるものとも限りません. 関数や写像を考えるときは「値が決まること」つまり要素間の対応があることが大切で，その対応は，さしあたり，まったく任意のものでよいのです. 対応の規則が式で書けるか，とか，そもそも人間に理解可能な規則があるのか，とか，そういったことは，写像であるかどうかとは，また別の問題です.

　もっとも，微積分学が始まった 17 世紀からの数学の歴史の中で，このように関数がまったく任意の対応と理解されるようになったのは，ようやく 19 世紀も中頃になってからのことです. 18 世紀のオイラーやラグランジュ，あるいは 19 世紀初めごろに活躍したフーリエなども，関数とは式で与えられるもの，と思っていました. そうした歴史を背景として，「関数」という言葉に別の意味あいをもたせた数学用語がたくさんあることも事実です. このあたりの事情について，くわしいことはたとえば岡本久・長岡亮介『関数とは何か』(近代科学社, 2014 年)などを読んでいただくとして，これ以降わたくしたちは，まったく任意の対応，すなわち写像としての関数という，現代的に割り切った関数観に立って，話を進めることにしましょう.

# 3 「イプシロン・デルタ」から 「近傍の逆像」へ

　微積分学を含む解析学では，実数の関数 $f: \mathbb{R} \to \mathbb{R}$ が実数 $a$ において連続であるということは，次のように定義されます：任意に与えられた正の数 $\varepsilon$ （イプシロン）に対して，正の数 $\delta$ （デルタ）が存在して，$|x - a| < \delta$ をみたすすべての実数 $x$ について $|f(x) - f(a)| < \varepsilon$ が成立する(次ページ図 2 参照).

　これはイプシロン・デルタ論法の典型で，評判がよかったり悪かったりしますが，別段ここで「数学教程におけるイプシロン・デルタの功罪」を論じるつもりはありません. 条件 $|x - a| < \delta$ をみたすすべての実数 $x$ について $|f(x) - f(a)|$

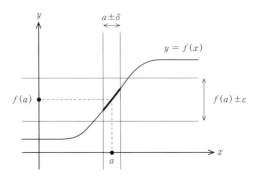

図2 $|x-a|<\delta$ のとき $|f(x)-f(a)|<\varepsilon$

$<\varepsilon$ が成立する(そのような正の数 $\delta$ が存在する)，ということは，わたくしたちがこれまで議論してきたところによれば，とりもなおさず，

　　実数 $a$ に十分近いすべての実数 $x$ について $|f(x)-f(a)|<\varepsilon$ が成立する

ですから，数直線 $\mathbb{R}$ における通常の距離による位相の意味において

　　$|f(x)-f(a)|<\varepsilon$ をみたす実数 $x$ の全体は，$a$ のひとつの近傍となる

ということを意味します．ここで，$|f(x)-f(a)|<\varepsilon$ となる，というのはもちろん，値 $f(x)$ が $f(a)-\varepsilon$ より大きくて $f(a)+\varepsilon$ よりは小さいということですね．

　一般に，実数 $\alpha$ より大きくて，実数 $\beta$ よりは小さい実数の範囲を $(\alpha,\beta)$ と書いて，$\alpha$ を左端，$\beta$ を右端とする**開区間**とよびます．集合の記号を使って書けば
$$(\alpha,\beta) \stackrel{\text{def}}{=} \{x\in\mathbb{R}\,|\,\alpha<x<\beta\}$$
ということになります．ですから，不等式 $|f(x)-f(a)|<\varepsilon$ は，とりもなおさず，$f(x)$ が開区間 $(f(a)-\varepsilon,f(a)+\varepsilon)$ に属する，と主張していることになります．

　ここでまた写像の用語の説明です．写像 $f\colon A\to B$ があったときに，ターゲット $B$ の特定の部分集合 $C\subset B$ に値 $f(x)$ が属するような定義域の要素 $x\in A$ の

全体を考えると，これは $A$ の部分集合になります.

この集合のことを，$f$ による $C$ の**逆像**とよび，$f^{-1}(C)$ と書きます.

$$f^{-1}(C) \overset{\text{def}}{=} \{x \in A \mid f(x) \in C\}.$$

この $f^{-1}$ というのは，「逆関数」と同じ記号で，大変まぎらわしいのですが，すでに確立してしまった記号で，変えようがありません.

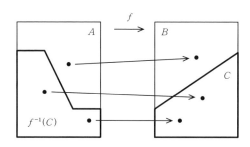

**図3**　$C$ の逆像 $f^{-1}(C)$ $(x \in f^{-1}(C) \Longleftrightarrow f(x) \in C)$

## 演習 2

写像 $f: A \to B$ による逆像について，

(i) $C \subset D \subset B$ のとき $f^{-1}(C) \subset f^{-1}(D)$ であること，

また

(ii) $C \subset B$, $D \subset B$ のとき $f^{-1}(C) \cup f^{-1}(D) = f^{-1}(C \cup D)$ かつ $f^{-1}(C)$ $\cap f^{-1}(D) = f^{-1}(C \cap D)$ であること

を証明せよ.

ともあれ，不等式 $|f(x) - f(a)| < \varepsilon$ をみたす $x$ 全体の集合は，つまり $f(x)$ が

開区間 $(f(a)-\varepsilon, f(a)+\varepsilon)$ に属するような $x$ の全体なので，$f$ による開区間 $(f(a)-\varepsilon, f(a)+\varepsilon)$ の逆像

$$f^{-1}((f(a)-\varepsilon, f(a)+\varepsilon))$$

にほかなりません．そこで《ある正の数 $\delta$ が存在して $|x-a|<\delta$ をみたす実数 $x$ について常に $|f(x)-f(a)|<\varepsilon$ が成立する》という命題は

　　実数 $a$ に十分近い実数はすべて逆像 $f^{-1}((f(a)-\varepsilon, f(a)+\varepsilon))$ に属する

ということ，言いかえれば

　　逆像 $f^{-1}((f(a)-\varepsilon, f(a)+\varepsilon))$ は実数 $a$ の近傍である

と言っていることになります．関数 $f\colon \mathbb{R} \to \mathbb{R}$ が実数 $a$ において連続であるというのは，このことがすべての正の数 $\varepsilon$ について成立することです．

　次に開区間 $(f(a)-\varepsilon, f(a)+\varepsilon)$ について考えてみます．この開区間は，実数 $f(a)$ のひとつの近傍になっています．また，実数の集合 $U \subset \mathbb{R}$ が $f(a)$ の近傍であるなら，ある正の数 $\varepsilon$ について，$U$ は開区間 $(f(a)-\varepsilon, f(a)+\varepsilon)$ を含みます．このとき開区間 $(f(a)-\varepsilon, f(a)+\varepsilon)$ に属する実数がすべて集合 $U$ に属するのですから，逆像 $f^{-1}((f(a)-\varepsilon, f(a)+\varepsilon))$ に属する実数はすべてまた逆像 $f^{-1}(U)$ に属することになります．つまり

$$f^{-1}((f(a)-\varepsilon, f(a)+\varepsilon)) \subset f^{-1}(U)$$

が成立します．ところが，いま関数 $f$ が $a$ において連続なので，どんな正の数 $\varepsilon$ についても，$f^{-1}((f(a)-\varepsilon, f(a)+\varepsilon))$ は実数 $a$ の近傍になります．ということは，逆像 $f^{-1}(U)$ もまた実数 $a$ の近傍です．こうしてわたくしたちは

　　(1) 関数 $f\colon \mathbb{R} \to \mathbb{R}$ が実数 $a$ において連続であるとき，実数 $f(a)$ のすべての近傍 $U$ について，逆像 $f^{-1}(U)$ は実数 $a$ の近傍である

という命題を示したことになります．

　この命題の逆を確かめましょう．$f(a)$ のすべての近傍 $U$ について，その逆像

$f^{-1}(U)$ が $a$ の近傍になっていると仮定します．任意の正の数 $\varepsilon$ について，開区間 $(f(a)-\varepsilon, f(a)+\varepsilon)$ は $f(a)$ の近傍なので，仮定によりその逆像 $f^{-1}((f(a)-\varepsilon, f(a)+\varepsilon))$ は $a$ の近傍で，$a$ に十分近いすべての実数は，この逆像 $f^{-1}((f(a)-\varepsilon, f(a)+\varepsilon))$ に属します．つまり，ある正の数 $\delta$ が存在して，$|x-a|<\delta$ であるようなすべての実数 $x$ が $f^{-1}((f(a)-\varepsilon, f(a)+\varepsilon))$ に属するわけです．これは《$|x-a|<\delta$ であるような実数 $x$ はすべて $|f(x)-f(a)|<\varepsilon$ をみたす》ということです．任意の正の数 $\varepsilon$ に対してそのような正の数 $\delta$ が存在するのですから，もとに返って，関数 $f$ は実数 $a$ において連続です．こうして

(2) 実数 $f(a)$ のすべての近傍 $U$ の逆像 $f^{-1}(U)$ が実数 $a$ の近傍であるならば，$f$ は $a$ において連続である

という，(1) の逆命題が得られました．

　この (1) と (2) により，関数 $f: \mathbb{R} \to \mathbb{R}$ が実数 $a$ において連続であることは，《$f(a)$ の近傍の逆像が必ず $a$ の近傍となること》という近傍の言葉による別表現をもつことがわかったわけです．

　イプシロン・デルタ論法による連続性の定義は，一般に距離空間から距離空間への写像にまで，そのままの形で拡張できます．ふたつの距離空間 $(X, d_X)$ と $(Y, d_Y)$ があったとして，写像 $f: X \to Y$ が $X$ の点 $p$ において連続であることは，

与えられた正の数 $\varepsilon$ に対して，正の数 $\delta$ が存在して，$d_X(x, p)<\delta$ をみたすすべての点 $x \in X$ について $d_Y(f(x), f(p))<\varepsilon$ が成立する

と言えばよいのです．これは実数の場合に差の絶対値で与えられていた距離を，単に一般の距離関数に置きかえただけです．

　また，本章の最初の節で言ったとおり，距離空間 $X$ の点 $p$ の近傍とは，ある正の数 $\delta$ について点 $p$ の $\delta$-近傍 $U_{d_X}(p, \delta)$ を含む集合のことです．そこで，数直線 $\mathbb{R}$ の場合と同様に，距離空間 $(X, d_X)$ から $(Y, d_Y)$ への写像 $f: X \to Y$ が $X$ の点 $p$ で連続であるためには $Y$ の点 $f(p)$ のすべての近傍について，その $f$ による逆像が $p$ の近傍であることが必要十分条件になっているとわかるわけです．

# 4 位相空間における写像の連続性

　実数の関数や距離空間の間の写像についての，イプシロン・デルタ論法による連続性の定義から出発して，近傍の言葉による連続性の特徴づけに到達しました．このように関数の連続性を近傍の言葉で言いかえたことにより，近傍の概念が定められている集合，すなわち一般の位相空間にまで，連続性の定義を拡張する可能性が開かれます．ふたつの位相空間 $(X, \mathcal{O}_X)$ と $(Y, \mathcal{O}_Y)$ と，$X$ から $Y$ への写像 $f: X \to Y$ が与えられているとき，写像 $f$ が $X$ の点 $p$ において連続であることを，

> $Y$ の点 $f(p)$ のすべての近傍について，その $f$ による逆像が $p$ の近傍であること

と定義するのです．実数の関数や距離空間の写像については，すでに見てきたとおり，この条件がイプシロン・デルタによって定義される連続性の必要十分条件だったのですから，定義をこのように変更しても写像の連続性の概念は実質的な変更をまったくうけません．そのうえ，近傍による定義は，イプシロン・デルタ論法による定義を受けつけない位相空間においても意味をなします．もちろん概念の範囲を拡張すること自体に価値があるわけではないのですが，連続写像の概念の拡張には

(a) 連続関数についての知見を，別の対象の研究に応用できる可能性が広がること．

(b) 実数の連続関数など古典的な対象の性質を探求する，もうひとつ別の観点が得られること．

そういった意義は認められます．

　さて，位相空間の間の写像 $f: X \to Y$ が，$X$ のすべての点 $p$ において連続であるとき，$f$ は $X$ から $Y$ への**連続写像**であるといいます．これは各点ごとの連続

性を足がかりとした定義ですが，連続写像の特徴づけとして

　　　$Y$ のすべての開集合 $V$ に対して逆像 $f^{-1}(V)$ が $X$ の開集合であること

があります．いまからこのことを証明します．

　まず，写像 $f: X \to Y$ が $X$ のすべての点 $p$ で連続であると仮定します．そして，位相空間 $Y$ の任意の開集合 $V$ が与えられたとします．示すべきことは，逆像 $f^{-1}(V)$ が空間 $X$ の開集合であることです．そこで，$X$ の点 $p$ が逆像 $f^{-1}(V)$ に属したとします．逆像の定義によれば，これは $f(p) \in V$ となるということです．いま $V$ は開集合なので，$V$ はその要素 $f(p)$ の近傍です．（$V$ が開集合であることと，$V$ が $V$ 自身のすべての要素の近傍であることとが同値．）　仮定（点 $p$ において $f$ が連続であること）によれば，$f(p)$ の近傍 $V$ の $f$ による逆像 $f^{-1}(V)$ は $p$ の近傍です．ところが，いま $p$ は逆像 $f^{-1}(V)$ の任意の要素でした．これは，$f^{-1}(V)$ が $f^{-1}(V)$ 自身のすべての要素の近傍であることを意味します．すなわち，$f^{-1}(V)$ は開集合なのです．これが証明すべきことでした．

　逆を示しましょう．空間 $Y$ の開集合 $V$ の $f$ による逆像 $f^{-1}(V)$ がつねに開集合になると仮定します．空間 $X$ の点 $p$ について，その値（空間 $Y$ の点）$f(p)$ の任意の近傍 $B$ が与えられたとします．示すべきことは，このとき逆像 $f^{-1}(B)$ が点 $p$ の近傍になっていることです．第 2 章の第 4 節（21 ページ）を思い出してください．$B$ が $f(p)$ の近傍であるということは，$f(p)$ が $B$ の内部 $\mathrm{Int}(B)$ に属するということです．ところが $\mathrm{Int}(B)$ は $Y$ の開集合になっています．ということは，仮定により，逆像 $f^{-1}(\mathrm{Int}(B))$ は開集合です．$f(p)$ が $\mathrm{Int}(B)$ に属するので，$p$ は開集合 $f^{-1}(\mathrm{Int}(B))$ に属します．いっぽう $f^{-1}(B)$ は $f^{-1}(\mathrm{Int}(B))$ を含みます．すなわち，$p \in U \subset f^{-1}(B)$ をみたす開集合 $U$ が，ここでは $U = f^{-1}(\mathrm{Int}(B))$ ですが，存在するわけで，$f^{-1}(B)$ が点 $p$ の近傍ということになります．これが証明すべきことでした．


　ですから，位相空間の間の写像 $f: X \to Y$ が連続写像であることを，最初から開集合系の言葉で《ターゲット $Y$ の開集合の $f$ による逆像がすべて定義域 $X$ の開集合になること》と「定義」してしまってもかまわないわけです．この開集合

の逆像による連続写像の特徴づけは，開集合系による位相空間の定義のひとつの大きな利点と思われますが，いかがでしょうか．

　実数の連続関数とは実数直線 $\mathbb{R}^1$ から $\mathbb{R}^1$ への連続写像にほかならないので，開集合の逆像が開集合になるような関数が連続関数だと定義してしまっても，もとの定義と同値だというのです．

　それでは，あのやっかいなイプシロンとデルタは，いったいどこへ消えてしまったのでしょう．

　この問いには，イプシロンとデルタをめぐるやりとりは，実数直線 $\mathbb{R}^1$ における開集合系の定義の中へ移されたのだと答えることができるでしょう．$\varepsilon$ とか $\delta$ といった正の数の役割は，「限りなく近づく」とか「$a$ に十分近いすべての実数 $x$」といった言葉の意味合いを明確にするための，あくまで補助的な役割です．その役割を彼らに代わって果たしてくれる「開集合」や「近傍」という概念が登場したいま，$\varepsilon$ とか $\delta$ といった正の数の持ち場が，連続性を判定する場面から，$\mathbb{R}^1$ においてどの部分集合を開集合とよぶかを定める場面に変わった，というわけです．

　実数の関数の連続性の定義を開集合を使う形に変更したからといって，連続関数の概念そのものが変更されるわけではありません．ですから，具体的な問題に取り組む際には，あいかわらずイプシロン・デルタ論法のお世話になる場面も多いでしょう．でも「それだったら，今までと何も変わりないではないか」と言わないでください．関数の連続性を見る新しい視点が得られたことは間違いないわけですから．

## 演習 3

実数の関数 $f : \mathbb{R} \to \mathbb{R} ; x \mapsto x^2$ をゾルゲンフライ直線からそれ自身への写像 $f : \mathbb{S} \to \mathbb{S}$ と考えたとき，$f$ は $p \leqq 0$ である点 $p$ で不連続，$p > 0$ である点 $p$ で連続である．このことを証明せよ．

# 演習

## 演習 I

距離空間 $(X, \rho)$ のすべての点 $p$ とすべての正の数 $r$ に対して，集合
$$U_\rho(p, r) \overset{\text{def}}{=} \{x \in X \mid \rho(x, p) < r\}$$
を $p$ の $r$-**近傍**とよぶ．この定義のもとで，$U_\rho(p, r)$ 自身がひとつの開集合であることを証明せよ．

この演習問題を出題する直前(32 ページ)に，距離空間 $(X, \rho)$ の部分集合 $A$ が開集合であることの定義を，《$A$ に属するすべての点 $p$ に対して，正の数 $r$ が存在して $U_\rho(p, r) \subset A$ となること》と述べていました．しかしこの演習問題では，$U_\rho(p, r)$ 自身が開集合であることを確かめろというのですから，ここで，$U_\rho(p, r)$ の「任意の点」のつもりで $p$ をとったり，「ある正の数」として $r$ をとったりするとうまくいきません．

ここでは，$U_\rho(p, r)$ には $p$ のほかにも点が属しているだろうけれども，それらすべての点について，$U_\rho(p, r)$ はその点の近傍だということを示さねばなりません．ということは，$U_\rho(p, r)$ に属する点を $p$ 以外の文字，たとえば $q$ で表して，なにか正の数 $s$ を $U_\rho(q, s) \subset U_\rho(p, r)$ となるようにとらねばならないのです．

さて，$U_\rho(p, r)$ に属する点 $q$ が与えられたとしましょう．このとき $\rho(q, p) < r$ なので $r - \rho(q, p) > 0$ です．そこで $s = r - \rho(q, p)$ として，$q$ の $s$-近傍 $U_\rho(q, s)$

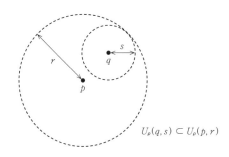

$$U_\rho(q, s) \subset U_\rho(p, r)$$

から任意の要素 $x$ をとると，$\rho(x,q) < s = r - \rho(q,p)$ であり，三角不等式と合わせて

$$\rho(x,p) \leqq \rho(x,q) + \rho(q,p)$$
$$< (r - \rho(q,p)) + \rho(q,p) = r,$$

したがって $x$ は $U_\rho(p,r)$ に属します．$U_\rho(q,s)$ に属する点がすべて $U_\rho(p,r)$ に属するので，$U_\rho(q,s)$ は $U_\rho(p,r)$ の部分集合です：$U_\rho(q,s) \subset U_\rho(p,r)$．そのような正の数 $s$ が選べるので，$U_\rho(p,r)$ は点 $q$ の近傍ということになります．ところが，いま $q$ は $U_\rho(p,r)$ に属する任意の点だったので，$U_\rho(p,r)$ は開集合なのです．

**演習 2**

写像 $f\colon A \to B$ による逆像について，

（i）$C \subset D \subset B$ のとき $f^{-1}(C) \subset f^{-1}(D)$ であること，

また

（ii）$C \subset B,\ D \subset B$ のとき $f^{-1}(C) \cup f^{-1}(D) = f^{-1}(C \cup D)$ かつ $f^{-1}(C) \cap f^{-1}(D) = f^{-1}(C \cap D)$ であること

を証明せよ．

写像による集合の逆像をめぐる基本的な問題のうちふたつを選びました．写像 $f\colon A \to B$ のターゲット $B$ の部分集合 $C$ の，$f$ による逆像は $f^{-1}(C) = \{x \in A \mid f(x) \in C\}$ と定義されます．つまり，

$$f(x) \in C \Longleftrightarrow x \in f^{-1}(C)$$

というわけで，ターゲットの要素 $f(x)$ に関する命題を定義域の要素 $x$ についての命題として表現するために逆像が用いられます．

**(i)の証明**　$C \subset D \subset B$ ということは，$y \in C$ のとき必ず $y \in D$ となるということです．このとき，$f(x) \in C$ ならば必ず $f(x) \in D$ となります．ということは，$x \in f^{-1}(C)$ のとき必ず $x \in f^{-1}(D)$ となるのですから，$f^{-1}(C) \subset f^{-1}(D)$ です．

（証明終）

**(ii)の証明**　$x \in f^{-1}(C) \cup f^{-1}(D)$ とは $x \in f^{-1}(C)$ または $x \in f^{-1}(D)$ のことで，これはまた $f(x) \in C$ または $f(x) \in D$ というのと同じことですから，和集合の定義から $f(x) \in C \cup D$ というのと同じことです．これはすなわち $x \in f^{-1}(C \cup D)$ と同値です．このように $x \in f^{-1}(C) \cup f^{-1}(D)$ と $x \in f^{-1}(C \cup D)$ が同値なので，集合として $f^{-1}(C) \cup f^{-1}(D) = f^{-1}(C \cup D)$ となります．$f^{-1}(C) \cap f^{-1}(D)$ についても同様に考えてください．

（証明終）

　なお，(i) の逆は成立しません．たとえば $f : \mathbb{R} \to \mathbb{R}; x \mapsto x^2$ について $C = [-1, 1]$，$D = [0, 1]$ が反例になります．

　また，逆像に似た概念として，写像 $f : A \to B$ の定義域 $A$ の部分集合 $E \subset A$ に対して，

$$f(E) = \{y \in B \mid \text{ある } x \in E \text{ について } y = f(x)\}$$
$$= \{f(x) \mid x \in E\}$$

と定められるターゲット $B$ の部分集合 $f(E)$ のことを $f$ による $E$ の **像** といいます．定義域 $A$ の任意の部分集合 $E$ と $F$ について $f(E \cup F) = f(E) \cup f(F)$ ですが，必ずしも $f(E \cap F) = f(E) \cap f(F)$ とはなりません．たとえば $f : \mathbb{R} \to \mathbb{R}; x \mapsto x^2$ で $E = [-1, 0]$，$F = [0, 1]$ とした場合が反例になります．とはいえ，$E \subset F \subset A$ のとき $f(E) \subset f(F)$ という単調性はあるので，$f(E \cap F) \subset f(E) \cap f(F)$ はいつでも成立します．

## 演習 3

実数の関数 $f : \mathbb{R} \to \mathbb{R}; x \mapsto x^2$ をゾルゲンフライ直線からそれ自身への写像 $f : \mathbb{S} \to \mathbb{S}$ と考えたとき，$f$ は $p \leqq 0$ である点 $p$ で不連続，$p > 0$ である点 $p$ で連続である．このこと

これは, $f(x)$ が $x > 0$ の範囲で大小関係を保ち, $x < 0$ の範囲では大小関係を反転させることが肝になっています.

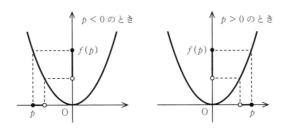

まず $p = 0$ のときを考えましょう. $(-1, 0]$ は $\mathbb{S}$ における点 $f(0)$ の近傍ですが, その逆像 $f^{-1}((-1, 0]) = \{0\}$ であり, これは $\mathbb{S}$ における点 $0$ の近傍ではありません. というのも $(-r, 0]$ の形の半開区間を含まないからです. また, $p < 0$ のときは $f(p) = p^2 > 0$ なので, 半開区間 $(0, p^2]$ は $\mathbb{S}$ における $f(p)$ の近傍です. ところが, その逆像 $f^{-1}((0, p^2])$ は閉区間 $[p, -p]$ から $0$ を除いた集合で, $(p-r, p]$ の形の半開区間を含まないので, $\mathbb{S}$ における点 $p$ の近傍になっていません. したがって, $p \leqq 0$ のとき, $f$ は $p$ において不連続です.

次に $p > 0$ のときを考えます. ターゲット $\mathbb{S}$ における $f(p)$ の近傍 $B$ に対して, 正の数 $\varepsilon$ を $(p^2 - \varepsilon, p^2] \subset B$ となるようにとれます. ここで必要ならば $\varepsilon$ を小さくとりなおすことにより, $0 < \varepsilon < p^2$ となっているとしてよろしい. すると, 逆像 $f^{-1}(B)$ は半開区間 $(\sqrt{p^2 - \varepsilon}, p]$ を含むことになるので, 定義域 $\mathbb{S}$ における $p$ の近傍になっています. このことが $f(p)$ の任意の近傍 $B$ についていえるので, $f$ は $p$ において連続なのです.

# 第4章

# 閉集合・境界・同相写像

第3章まで，位相空間をめぐるもっとも基本的な定義を述べました．より高度な話に少しずつ進んで行きたいわけですが，基本的で重要な概念を，まだいくつか積み残しています．大急ぎで片付けてしまいましょう．

## ▌閉包と閉集合

位相空間論では開集合が活躍しますが，それと表裏一体をなすのが閉集合の概念です．

位相空間 $X$ に部分集合 $A$ と点 $p$ があって，$p$ のすべての近傍 $N$ について $N \cap A \neq \emptyset$ となっていたとします．これは，点 $p$ のどんな近くにも $A$ の要素が存在することを意味します．このようなとき，点 $p$ は集合 $A$ の**触点**であるといいます．

ですから，$p \in A$ であればたしかに $p$ は $A$ の触点です．しかし $p \notin A$ であるような点 $p$ が $A$ の触点になることもありえます．たとえば実数直線 $\mathbb{R}^1$ において，0 のどんな近傍も正の実数を含みますので，0 は $\mathbb{R}^1$ における正の実数の全体 $\mathbb{R}_+ = \{x \in \mathbb{R} \mid x > 0\}$ の触点です．しかし 0 は正の実数ではありません．

触点のイメージをつかむために，距離空間の場合を考えてみましょう．

距離空間 $(X, \rho)$ において空でない部分集合 $A$ があったとします．このとき，$X$ の各点 $p$ に対して

- $r > \delta$ ならば $p$ の $r$-近傍 $U_\rho(p, r)$ と $A$ の共通要素が存在する：$A \cap U_\rho(p, r) \neq \emptyset$,
- $0 < r \leqq \delta$ ならば $p$ の $r$-近傍と $A$ の共通要素は存在しない：$A \cap U_\rho(p, r) = \emptyset$,

という条件をみたす実数 $\delta \geqq 0$ がただひとつ存在します．この $\delta$ を**点 $p$ から部分集合 $A$ までの距離**といって，$\rho(p, A)$ と書きます．$\rho(p, A)$ は $p$ と $A$ に属する各点 $x$ との距離 $\rho(p, x)$ の最大下界（下限）と一致します：

$$\rho(p, A) = \inf\{\rho(p, x) \mid x \in A\}.$$

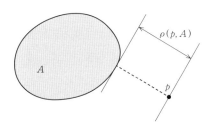

図1

部分集合 $A$ が陸地，補集合 $X \setminus A$ が海だったとして，海上の点 $p$ に浮かぶ人が陸地へ泳ぎつくための最短の距離が $\rho(p, A)$ ということになります．この $\rho(p, A)$ を使えば，

点 $p$ が集合 $A$ の触点 $\Longleftrightarrow$ 距離 $\rho(p, A) = 0$

と，触点であるための必要十分条件が書けます．集合 $A$ までの距離がゼロである点，いわば $A$ に「くっついている」点が，$A$ の触点です．これはまた，点 $x$ に収束する，$A$ の要素からなる点列 $x_n$ $(n = 1, 2, \cdots)$ が存在することと同値です：

$x$ が $A$ の触点 $\Longleftrightarrow$ $A$ のある点列 $\{x_n\}_{n \in \mathbb{N}}$ について $\lim_{n \to \infty} \rho(x, x_n) = 0.$

一般の位相空間の話に戻って，部分集合 $A$ の触点全体のなす集合を $A$ の**閉包**といいます．閉包については古くから $A^a$, $\overline{A}$ など，いろいろな書き方が用いられてきましたが，本書では今後これを $\mathrm{Cl}(A)$ と書くことにします．$\mathrm{Cl}$ は closure の略

です．触点の定義を用いて書きなおせば，

$$x \in \mathrm{Cl}(A) \Longleftrightarrow すべての U \in \mathcal{N}(x) について A \cap U \neq \emptyset$$

となります．

面白いことに，閉包演算 Cl と内部演算 Int とは，補集合演算を介して結びついています．

位相空間 $X$ の点 $x$ が補集合 $X \backslash A$ の触点であるというのは，どんな近傍 $U \in \mathcal{N}(x)$ も $X \backslash A$ と共通要素をもつということです．ここで $U$ と $X \backslash A$ が共通要素をもつ（$(X \backslash A) \cap U \neq \emptyset$ である）というのは，つまり $U \subset A$ ではないというのと同じことですから，$x$ が補集合 $X \backslash A$ の触点であることと，$x$ が $A$ の内点でないこととが同値になります：

$$x \in \mathrm{Cl}(X \backslash A) \Longleftrightarrow x \notin \mathrm{Int}(A).$$

ということは，補集合の閉包は内部の補集合，閉包の補集合は補集合の内部，ということになります：

$$\mathrm{Cl}(X \backslash A) = X \backslash \mathrm{Int}(A), \quad X \backslash \mathrm{Cl}(A) = \mathrm{Int}(X \backslash A).$$

したがって，閉包演算 Cl を内部演算 Int と補集合演算で表現することができ，またその逆もできます．

**演習 I**

> 位相空間 $X$ の部分集合 $A$ について $\mathrm{Cl}(\mathrm{Cl}(A)) = \mathrm{Cl}(A)$ であること，また，部分集合 $A$ と $B$ について $\mathrm{Cl}(A \cup B) = (\mathrm{Cl}(A)) \cup (\mathrm{Cl}(B))$ であることを示せ．

自分自身の閉包と一致する集合は**閉集合**とよばれます．閉包演算 Cl と内部演算 Int が補集合を介して，$X \backslash \mathrm{Cl}(A) = \mathrm{Int}(X \backslash A)$ と結びついていることから，

$$部分集合 A が閉集合 \Longleftrightarrow A = \mathrm{Cl}(A)$$

$$\Longleftrightarrow X \backslash A = \mathrm{Int}(X \backslash A)$$

$$\Longleftrightarrow 補集合 X \backslash A が開集合$$

となり，**補集合が開集合であることが，閉集合の必要十分条件**であることがわかります．ですから，「補集合が開集合であるような集合を閉集合とよぶ」というの

を閉集合の定義にしてもかまいません.

こうして，閉集合は開集合の裏返しの概念ということになります．開集合の性質(o1)-(o3)から，閉集合についての次の性質(c1)-(c3)を導くことができます：

(c1) 全体集合 $X$ と空集合 $\emptyset$ はいずれも閉集合である.

(c2) $A$ と $B$ が閉集合なら和集合 $A \cup B$ も閉集合である.

(c3) 閉集合ばかりからなる部分集合族 $\mathscr{A}$ があるとき，その共通部分 $\bigcap \mathscr{A}$ もまた閉集合である.

もちろん，これらの性質は閉包演算 Cl を用いたもとの定義から導くこともできます．(c1)は閉包の定義から明らかです．(c2)は演習1で示してもらった等式 $\mathrm{Cl}(A \cup B) = (\mathrm{Cl}(A)) \cup (\mathrm{Cl}(B))$ を使えばすぐにできます．残る(c3)を示しましょう.

(i) まず $X$ の任意の部分集合 $A$ について，$A$ の要素は $A$ の触点なので $A \subset \mathrm{Cl}(A)$ となります．ですから集合族 $\mathscr{A}$ の共通部分 $\bigcap \mathscr{A}$ についても $\bigcap \mathscr{A} \subset \mathrm{Cl}(\bigcap \mathscr{A})$ となっています.

(ii) 次に，$\mathscr{A}$ の任意の要素 $A$ について $\bigcap \mathscr{A} \subset A$ なので，$\bigcap \mathscr{A}$ の触点は $A$ の触点でもあり，$\mathrm{Cl}(\bigcap \mathscr{A}) \subset \mathrm{Cl}(A)$ です．ここで $A$ が閉集合であるとすれば $\mathrm{Cl}(A) = A$ ですから $\mathrm{Cl}(\bigcap \mathscr{A}) \subset A$ となります．これが集合族 $\mathscr{A}$ のすべてのメンバー $A$ について成立することから，$\mathrm{Cl}(\bigcap \mathscr{A}) \subset \bigcap \mathscr{A}$ となります.

(i)と(ii)により，等式 $\mathrm{Cl}(\bigcap \mathscr{A}) = \bigcap \mathscr{A}$ が成立するので，$\bigcap \mathscr{A}$ は閉集合なのです.

## 2 境界

閉包や閉集合のイメージをさらにはっきりさせるために，次のような状況を考えましょう.

数直線 $\mathbb{R}^1$ の部分集合の例として，半開区間 $(0, 1]$ を考えましょう．$0 < x < 1$

であるような実数 $x$ については，$x$ と $1-x$ のうち小さいほうを $r$ とすれば，$r > 0$ で，$x$ の $r$-近傍 $(x-r, x+r)$ は区間 $(0, 1]$ に含まれます．したがって $x$ は $(0, 1]$ の内点です（図2）．

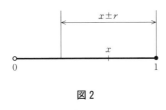

**図2**

それ以外の点，すなわち，$x \leqq 0$ あるいは $x \geqq 1$ であるような実数 $x$ はどうでしょうか．$x \leqq 0$ の場合，どんな正の数 $r$ についても，$r$-近傍は負の数を含み，$x \geqq 1$ の場合，どんな正の数 $r$ についても $r$-近傍は 1 より真に大きい数を含みます．ですから半開区間 $(0, 1]$ の内部は開区間 $(0, 1)$ です．1 以上の数は，どれも $(0, 1]$ の内点ではないのですが，このうち数 1 だけは特別で，すべての $r$-近傍が $(0, 1]$ と共通の要素をもちます．また数 0 も同様で，0 のすべての $r$-近傍が $(0, 1]$ と共通の要素をもちます．すなわち，数 1 と数 0 は，集合 $(0, 1]$ の内点ではないけれども，触点ではあります．これはなにも半開区間 $(0, 1]$ に限った話ではなく，区間の両端の点は，その区間の内点でない触点になっていることが，同様に考えればわかります．

　一般に，位相空間 $X$ の部分集合 $A$ について，$A$ の内点でない触点 $p$ は，すべての近傍 $U \in \mathcal{N}(p)$ について，$A \cap U \neq \emptyset$（触点だから），かつ $(X \setminus A) \cap U \neq \emptyset$（内点でないから）という条件をみたします．これは言いかえれば，$p$ のどんな近くにでも，$A$ に属する点があり，また $A$ に属しない点もある，$A$ からも $A$ の補集合からも，いくらでも近づいていける，ということです．この条件をみたす点 $p$ を $A$ の**境界点**とよびます：

　　$p$ が $A$ の境界点 $\iff$ すべての $U \in \mathcal{N}(p)$ について $U \cap A \neq \emptyset$ かつ $U \setminus A \neq \emptyset$.

そして，$A$ の境界点全体のなす集合を $A$ の**境界**といい，$\mathrm{Bd}(A)$ と書きます．Bd は border の略記です．この定義から，$\mathrm{Bd}(A) = (\mathrm{Cl}(A)) \setminus (\mathrm{Int}(A))$ です．等式 $\mathrm{Cl}(X \setminus A) = X \setminus \mathrm{Int}(A)$ を用いれば，$\mathrm{Bd}(A) = (\mathrm{Cl}(A)) \cap (\mathrm{Cl}(X \setminus A))$ とも書け

ます．閉包 Cl($A$) が $A$ からいくらでも近づいていける点の全体であることを思い出せば，この式は，$A$ の境界が $A$ とその補集合 $X \setminus A$ の両方からいくらでも近づいていける点の全体であることを，端的に表現しています．

　さて，閉包と境界の定義から，つねに Bd($A$) $\subset$ Cl($A$) です．ですから，$A$ が閉集合であった場合には，Bd($A$) $\subset A$ となります．逆に Bd($A$) $\subset A$ であった場合，$A$ の境界点，すなわち，$A$ の触点のうち内点でないものが，すべて $A$ に属することになります．いっぽう，$A$ の触点のうち $A$ の内点であるものは，もともと $A$ に属します．したがって Bd($A$) $\subset A$ のときは Cl($A$) $\subset A$ です．逆向きの $A \subset$ Cl($A$) はつねに成立するので，Bd($A$) $\subset A$ のとき Cl($A$) $= A$ で，$A$ は閉集合です．こうして集合 $A$ が境界 Bd($A$) を含むことが，$A$ が閉集合であるための必要十分条件となります．**閉集合とは，自分自身の境界を含む集合のこと**です．

　上の議論から，集合 $A$ にその境界点をすべてつけ加えたものが $A$ の閉包 Cl($A$) に一致することがわかります：

$$\mathrm{Cl}(A) = (\mathrm{Int}(A)) \cup (\mathrm{Bd}(A))$$
$$= A \cup \mathrm{Bd}(A).$$

そして，補集合演算を介した閉包と内部の結びつきを考えると，集合 $A$ からその境界点をすべてとり除いたものが $A$ の内部 Int($A$) に一致することもわかります：

$$\mathrm{Int}(A) = A \setminus \mathrm{Bd}(A).$$

したがって，集合 $A$ とその境界との共通部分が空であること（$A \cap \mathrm{Bd}(A) = \emptyset$）が，$A$ が開集合であるための必要十分条件になります．**開集合とは，自分自身の境界とまったく交わらない集合のこと**です．

　こうして，次のみっつの図が，それぞれ，閉集合，開集合，開集合でも閉集合

閉集合　　　　開集合　　　開でも閉でもない集合

図3

でもない集合のイメージです.

## 3 同相写像

　位相空間 $X$ から位相空間 $Y$ への連続写像とは,写像 $f\colon X \to Y$ であって $Y$ の開集合 $V$ の逆像 $f^{-1}(V)$ がいつでも $X$ の開集合になっているもののことでした.開集合であるという性質を後ろ向きに保つのが連続写像です.

　連続写像は,開集合であるという性質を前向きに保つとは限りません.たとえば $f\colon \mathbb{R}^1 \to \mathbb{R}^1$ を $f(x) = \sin x$ で定めると連続写像ですが,$\mathbb{R}^1$ の開集合である開区間 $(-\pi, \pi)$ の $f$ による像は閉区間 $[-1, 1]$ であって,これは $\mathbb{R}^1$ の開集合ではありません.

　たとえ連続写像 $f\colon X \to Y$ が全単射であっても,$f$ は開集合を開集合にうつすとは限りません.実例を示しましょう.

　方程式 $(x^2+y^2)^2 = x^2-y^2$ で定まるレムニスケート曲線 $C$

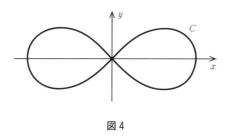

**図 4**

を考えます.曲線 $C$ は

$$x = \frac{t(1+t^2)}{1+t^4}, \quad y = \frac{t(1-t^2)}{1+t^4} \qquad (-\infty < t < \infty)$$

というパラメータ表示をもちます.

　平面 $\mathbb{R}^2$ における距離 $d(-,-)$ をこの図形 $C$ 上に制限することで,$(C, d)$ は距離空間となり,距離 $d$ の定める位相によって $C$ は位相空間となります.

一般に，位相空間 $X$ の部分集合 $Z$ において，部分集合 $B \subset Z$ が点 $p \in Z$ の近傍であるのは，$X$ における $p$ の近傍 $A$ が存在して $B = A \cap Z$ となるときだ，と定義すると，$Z$ は位相空間となります．この位相空間においては，部分集合 $W \subset Z$ が開集合であるためには，$W = U \cap Z$ をみたす $X$ の開集合 $U$ が存在することが，必要かつ十分です．このようにして空間 $X$ の部分集合 $Z$ を位相空間とみなしたとき，$Z$ に与えられる位相を空間 $X$ からの**相対位相**とよび，$Z$ を $X$ のひとつの**部分空間**とよびます．

話を戻します．レムニスケート曲線 $C$ は平面 $\mathbb{R}^2$ の部分空間として位相空間となります．この位相空間 $C$ への写像 $f : \mathbb{R}^1 \to C ; t \mapsto (x, y)$ を，先ほど述べた分数式によるパラメータ表示によって定めましょう．すると，$f$ は数直線 $\mathbb{R}^1$ から $C$ への連続な全単射となります．この連続な全単射 $f$ は，しかし開集合であるという性質を前向きには保たないのです．数直線 $\mathbb{R}^1$ の開集合である開区間 $(-1, 1)$ の像をみてみると，図5のようになっています．この像 $f((-1, 1))$ は $C$ の八の字の交差点である点 O の近傍になっていないので，$C$ の開集合ではありません．

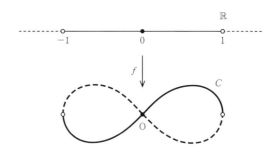

**図5**　像 $f((-1, 1))$ は八の字の左下と右上

代数学や幾何学と同じく，位相空間の研究においても，異なる対象がどのような場合に同じ構造をもつかを調べることは大切な課題です．しかしながら，連続な全単射が開集合を開集合にうつすとは限らないという事実は，連続な全単射といえども，位相空間の構造を完全に保つわけではないことを意味します．群やべ

クトル空間などの代数系においては，準同型で全単射であれば同型写像になるの
ですが，位相空間の場合には，そうなっていません．

　それでは，どのような写像が位相空間の構造を前後の両方向に保存するのでし
ょうか．ふたつの位相空間 $X$ と $Y$ の間の写像 $h: X \to Y$ が，全単射であって，
開集合であるという性質を前後の両方向に保つならば，位相空間の構造を両方向
に保つといっていいでしょう．開集合であるという性質を写像 $h$ が後ろ向きに
保つ，というのが $h$ が連続写像である，ということでした．開集合であるという
性質を前向きに保つ写像を**開写像**といいます．すなわち，空間 $X$ におけるすべ
ての開集合 $U$ についてその像 $h(U)$ が $Y$ における開集合である，そのような写
像 $h: X \to Y$ を開写像というのです．

## 演習 2

> ユークリッド平面 $\mathbb{R}^2$ から直線 $\mathbb{R}^1$ への射影 $\mathrm{pr}_1: \mathbb{R}^2 \to \mathbb{R}^1 ; (x, y) \mapsto x$ が開写
> 像であることを証明せよ（図 6 を見よ）．

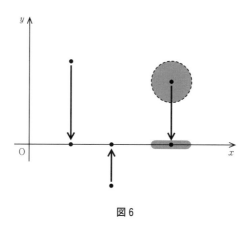

図 6

　いま $h: X \to Y$ が全単射であって連続な開写像だとします．全単射なので
逆写像 $h^{-1}: Y \to X$ が存在します．空間 $X$ の部分集合 $U$ の $h^{-1}$ による逆像

$(h^{-1})^{-1}(U)$ は，$h$ による像 $h(U)$ に一致します．$h$ が開写像であることから，$U$ が $X$ における開集合なら，$h(U)$ は $Y$ における開集合です．したがって $h^{-1}$ は $Y$ から $X$ への連続写像になっています．また，逆に逆写像 $h^{-1}$ が連続写像なら，$h$ は開写像になります．そのような全単射が，位相空間の構造をまるごと保存すると考えられるわけです．

> **定義**　位相空間の間の写像 $h\colon X \to Y$ が，全単射であり，連続であって，逆写像 $h^{-1}\colon Y \to X$ もまた連続であるとき，$h$ は $X$ から $Y$ への**同相写像**であるという．

同相写像 $h\colon X \to Y$ は，位相空間 $X$ の点と $Y$ の点に過不足のない1対1対応をつけるだけでなく，

$A \subset X$ が $X$ の開集合 $\Longleftrightarrow$ $h(A)$ が $Y$ の開集合

$B \subset Y$ が $Y$ の開集合 $\Longleftrightarrow$ $h^{-1}(B)$ が $X$ の開集合

という意味において，開集合であるという性質を両方向に保ち，

$A \subset X$ が点 $x \in X$ の近傍 $\Longleftrightarrow$ $h(A)$ が $h(x)$ の近傍

$B \subset Y$ が点 $y \in Y$ の近傍 $\Longleftrightarrow$ $h^{-1}(B)$ が $h^{-1}(y)$ の近傍

という意味において，点とその近傍の関係をも両方向に保ちます．点とその近傍との関係を保存するということにより，同相写像は位相に関する構造をそっくりそのまま保存するわけです．

さっそく，同相写像の例をあげましょう．

**例1**　実数直線 $\mathbb{R}^1$ の部分空間とみたとき，ふたつの閉区間，$[a,b]$ と $[c,d]$ の間に $h_1(t) = c + \dfrac{d-c}{b-a}(t-a)$ によって写像 $h_1\colon [a,b] \to [c,d]$ を定義すれば，これは $[a,b]$ から $[c,d]$ への同相写像になります（図7）．同じ式で開区間 $(a,b)$ から開区間 $(c,d)$ への同相写像も定義できます．

**例2**　開区間 $(a,b)$ から実数直線 $\mathbb{R}^1$ へ，

$$h_2(t) = \tan\left(\frac{\pi}{b-a}\left(t - \frac{a+b}{2}\right)\right)$$

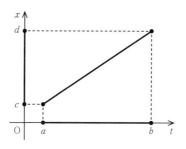

図 7

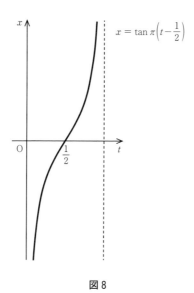

$$x = \tan \pi\left(t - \frac{1}{2}\right)$$

図 8

によって写像 $h_2\colon (a, b) \to \mathbb{R}$ を定義すれば，これは開区間 $(a, b)$ から直線 $\mathbb{R}^1$ への同相写像になります．図 8 は $a = 0,\ b = 1$ の場合です．

**例 3**　正の実数全体 $\mathbb{R}^+ = \{x \in \mathbb{R} \mid x > 0\}$ から実数全体 $\mathbb{R}$ への同相写像 $h_3\colon$ $\mathbb{R}^+ \to \mathbb{R}$ は，たとえば

　　$h_3(t) = \log t$

によって与えられます（次ページ図 9）．

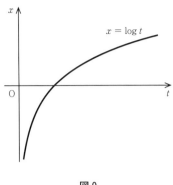

図 9

## 演習 3

正の有理数全体 $\mathbb{Q}^+ = \{x \in \mathbb{Q} \mid x > 0\}$ から有理数全体 $\mathbb{Q}$ への同相写像の例を あげよ.（例 3 の写像は一般に有理数を有理数にうつさない. 改めて同相写像を作らねばならない.）

**例 4** 複素数の逆数をとる演算 $z \mapsto 1/z$ によって複素数平面の部分集合 $A = \{z \in \mathbb{C} \mid |z - 1/2| \leqq 1/2,\ z \neq 0\}$ がどのような範囲にうつるかを考えてみましょう. $w = 1/z$ とし, $z$ と $w$ をそれぞれ実部と虚部にわけて $z = x + iy$, $w = u + iv$ とすれば, 関係 $w = 1/z$ は

$$(1) \quad \begin{cases} u = \dfrac{x}{x^2 + y^2} \\ v = \dfrac{-y}{x^2 + y^2} \end{cases} \qquad (2) \quad \begin{cases} x = \dfrac{u}{u^2 + v^2} \\ y = \dfrac{-v}{u^2 + v^2} \end{cases}$$

のように書けます. いま $z \in A$ は $x^2 - x + y^2 \leqq 0$ かつ $x \neq 0$ と同値です（図 10）. これは $x^2 + y^2 \neq 0$ という条件のもとで $u \geqq 1$ と同値であることは明らかです. したがって $z$ 平面上の図形 $A$ は写像 $h_4(z) = 1/z$ によって $w$ 平面上の $u \geqq 1$ すなわち $\mathrm{Re}\, w \geqq 1$ なる領域, 半平面 $H$ にうつることになります. この写像および逆写像は, 変数の分数式を分母がゼロにならない範囲で考え

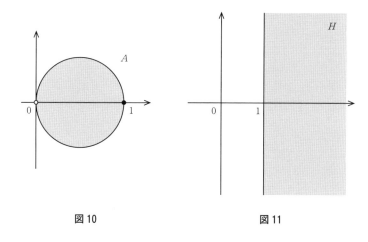

図 10　　　　　　　　　　　　図 11

ているので，連続です．したがって写像 $h_4\colon A \to H$ は同相写像です（図 11）．

　こうして，すべての閉区間どうし，すべての開区間どうし，また開区間と実数全体 $\mathbb{R}$，正の実数全体 $\mathbb{R}^+$ と $\mathbb{R}$ の間に，同相写像が存在します．また，円板からその周上の 1 点を取り除いた図形 $A$ と，垂直線を境界とした平面の右半分 $H$ とは，お互いに同相写像でうつりあうので，その図形としての形態の違いにもかかわらず，位相空間としての構造を保った 1 対 1 対応がついていることになります．このように同相写像で結ばれ，位相にかんする構造を保った 1 対 1 対応がつく位相空間どうしは，互いに同相であるといいます．この同相ということは「位相空間と見れば同じである」ということだと解釈して差し支えありません．

**定義**　ふたつの位相空間 $X$ と $Y$ の間に同相写像 $h\colon X \to Y$ が存在するとき，$X$ と $Y$ とは**同相**であるといい，これを記号で $X \approx Y$ と書く．

　同相とはこのようにある条件をみたす写像の存在という形で定義されるものですが，図形の「つながり方が同じ」という直観，すなわち目で見て判断する性質に対応するものでもあります．たとえば次に掲げるいくつかの線画は，$\mathbb{R}^2$ の部分集合とみて，互いに同相です．

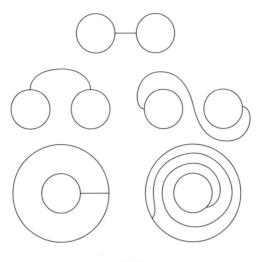

図 12

　このように，視覚的・直観的なアイデアと抽象的・論理的な概念とが結びつくところに，位相のおもしろさがあります．

　さて，このセクションの最初に例にあげたとおり，実数直線 $\mathbb{R}^1$ からレムニスケート曲線 $C$ には連続な全単射が存在しますが，$\mathbb{R}^1$ と $C$ は同相ではありません．ただし，さきほど例にあげた連続な全単射 $f : t \mapsto (x, y)$ が同相写像でないことを示しただけでは，$\mathbb{R}^1$ と $C$ とが同相でないと結論するには十分ではありません．

　「同相でない」とは「同相写像が存在しない」ということですから，同相でないことの証明には，特定のひとつの写像が同相写像でないことを示しただけでは十分でなく，どんな写像も決して同相写像にならない，ということを示さねばならないのです．

　これはやっかいです．一般には位相空間 $X$ から $Y$ への写像は無数にあるでしょうから，そのすべてをチェックして同相写像でないことを確認しつくすことはできません．直線とレムニスケートの八の字形であれば「見るからに違う」と直観に訴えることもできそうですが，例 4 で円板から周上の 1 点を除いた図形と平面の右半分という「見るからに違う」ふたつの図形が同相になったことを思い出せば，少し慎重になったほうがよさそうです．

　同相でない位相空間を識別するには,「見るからに違う」と直観に訴えるのはや
めて, 同相写像で保たれる空間の性質に注目します. 位相空間を, なんらかの性
質や属性によって分類します. そのさい, 同相な空間のあいだでその性質や属性
が共有されるようにしておけば, その性質や属性を共有しない空間どうしは同相
でないことがただちにわかります. 同相写像で変わらない性質に注目して空間を
分類するわけです. たとえば, 同相写像は全単射なので, 集合の濃度を保ちます.
ですから濃度の異なるふたつの位相空間は決して同相になりません.

　すべての位相空間にたいして定義される性質・属性のうち, 同相写像で変わら
ない性質・属性のことを, ひとつの**位相不変量**といいます. 先ほど例にあげた濃
度という空間の属性は, 基本的な位相不変量のひとつですが, これだけでは大雑
把すぎて, たとえば直線と平面すら識別できません. もっと細かい区別ができる
ように, さまざまな位相不変量を研究するのが, 位相空間論の主要な目的になっ
ています. 本書でも今後,

- コンパクト性
- 各種の可算公理
- 各種の分離公理
- 連結性

といった基本的で重要な位相不変量について論じることになります.

# 演習

> 位相空間 $X$ の部分集合 $A$ について $\mathrm{Cl}(\mathrm{Cl}(A)) = \mathrm{Cl}(A)$ であること,また,部分集合 $A$ と $B$ について $\mathrm{Cl}(A \cup B) = (\mathrm{Cl}(A)) \cup (\mathrm{Cl}(B))$ であることを示せ.

　まず一般に $A \subset \mathrm{Cl}(A)$ であることは 50 ページで指摘したとおりです.この $A$ に $\mathrm{Cl}(A)$ を代入すれば $\mathrm{Cl}(\mathrm{Cl}(A)) \supset \mathrm{Cl}(A)$ がわかります.逆向きの包含関係を示すために,$p$ を集合 $\mathrm{Cl}(\mathrm{Cl}(A))$ に属する任意の点とし,$U$ を $p$ の任意の近傍とします.このとき,$p$ を含み $U$ に含まれる開集合 $V$ が存在します.たとえば $V = \mathrm{Int}(U)$ とすればよいです.$V$ もまた点 $p$ の近傍です.さて,点 $p$ は集合 $\mathrm{Cl}(A)$ の触点です.そこで $p$ の近傍 $V$ と $\mathrm{Cl}(A)$ の交わりは空でありません.共通部分 $V \cap \mathrm{Cl}(A)$ から点 $q$ をとりましょう.すると,$V$ が開集合で,点 $q$ はその要素なので,$V$ は $q$ の近傍です.いっぽう,$q$ は $\mathrm{Cl}(A)$ の要素なので $A$ の触点であり,触点の定義により $V \cap A \neq \emptyset$ となります.もとの $U$ は $V$ を含むので $U \cap A \neq \emptyset$ です.点 $p$ の任意の近傍 $U$ が $A$ と共通要素をもつので,$p$ は $A$ の触点であり,$p \in \mathrm{Cl}(A)$ となります.ところが $p$ は $\mathrm{Cl}(\mathrm{Cl}(A))$ の任意の要素でした.これで $\mathrm{Cl}(\mathrm{Cl}(A)) \subset \mathrm{Cl}(A)$ が示されました.

　次に等式 $\mathrm{Cl}(A \cup B) = (\mathrm{Cl}(A)) \cup (\mathrm{Cl}(B))$ です.まず触点の定義から一般に $A \subset B$ のとき $\mathrm{Cl}(A) \subset \mathrm{Cl}(B)$ となることがわかります.この $B$ に $A \cup B$ を代入すれば $A \subset A \cup B$ はあきらかなので $\mathrm{Cl}(A) \subset \mathrm{Cl}(A \cup B)$ です.同様に $\mathrm{Cl}(B) \subset \mathrm{Cl}(A \cup B)$ でもあるので $\mathrm{Cl}(A \cup B) \supset (\mathrm{Cl}(A)) \cup (\mathrm{Cl}(B))$ となります.逆向きの包含関係を示しましょう.それには $p \in \mathrm{Cl}(A \cup B)$ のとき $p \in (\mathrm{Cl}(A)) \cup (\mathrm{Cl}(B))$ であることを示すのですが,ここではひと工夫してその対偶,すなわち $p \notin (\mathrm{Cl}(A)) \cup (\mathrm{Cl}(B))$ のとき $p \notin \mathrm{Cl}(A \cup B)$ であることを示します.$p \notin (\mathrm{Cl}(A)) \cup (\mathrm{Cl}(B))$ とは,$p$ が $\mathrm{Cl}(A)$ にも $\mathrm{Cl}(B)$ にも属しないこと,つまり $A$ の触点ではないし $B$ の触点でもないということです.$p$ は $A$ の触点でないので $p$

の近傍 $U$ で $U \cap A = \emptyset$ となるものが存在し，また $p$ は $B$ の触点でもないので $p$ の近傍 $V$ で $V \cap B = \emptyset$ となるものが存在します．このとき，共通部分 $U \cap V$ もまた $p$ の近傍であって，

$$(U \cap V) \cap (A \cup B) \subset (U \cap A) \cup (V \cap B) = \emptyset$$

なので，$p$ が $A \cup B$ の触点でないことが示されました．

## 演習 2

> ユークリッド平面 $\mathbb{R}^2$ から直線 $\mathbb{R}^1$ への射影 $\mathrm{pr}_1 \colon \mathbb{R}^2 \to \mathbb{R}^1$ ; $(x, y) \mapsto x$ が開写像であることを証明せよ．

　平面 $\mathbb{R}^2$ の開集合 $A$ が任意に与えられたとしましょう．このとき示すべきことは，$A$ の射影

$$\mathrm{pr}_1(A) = \{ x \mid (x, y) \in A \}$$

が直線 $\mathbb{R}^1$ の開集合であることです．そのために $\mathrm{pr}_1(A)$ に属する点 $x$ を考えましょう．射影の定義によれば，ある $y$ について $(x, y) \in A$ となっているはずです．いま，$A$ は平面の開集合なので点 $(x, y)$ の近傍であり，正の数 $\varepsilon$ をうまくとると，点 $(x, y)$ の $\varepsilon$-近傍，すなわち点 $(x, y)$ を中心とする半径 $\varepsilon$ の円の内部が，$A$ に含まれます：

$$U_d((x, y), \varepsilon) \subset A.$$

このとき，$\varepsilon$-近傍の射影は $A$ の射影に含まれることになります：

$$\mathrm{pr}_1(U_d((x, y), \varepsilon)) \subset \mathrm{pr}_1(A).$$

ところがいま，$U_d((x, y), \varepsilon)$ とは平面において点 $(x, y)$ までの距離が $\varepsilon$ 未満であるような点の全体でしたから，その射影は開区間 $(x - \varepsilon, x + \varepsilon)$ です．

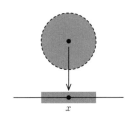

$x$

したがって,

$$(x-\varepsilon, x+\varepsilon) \subset \mathrm{pr}_1(A)$$

です.ここで開区間 $(x-\varepsilon, x+\varepsilon)$ は $\mathbb{R}^1$ における点 $x$ の $\varepsilon$-近傍にほかなりません.これで $\mathrm{pr}_1(A)$ が $x$ の近傍になることが示されました.

## 演習 3

正の有理数全体 $\mathbb{Q}^+ = \{x \in \mathbb{Q} \mid x > 0\}$ から有理数全体 $\mathbb{Q}$ への同相写像の例をあげよ.

本章の例 3（57 ページ）の写像 $x \mapsto \log x$ は半直線 $\mathbb{R}^+$ から直線全体 $\mathbb{R}$ への同相写像ですが,これは一般に有理数を有理数にうつさないので,これを $\mathbb{Q}^+$ へ制限しても正しい答えにはなりません.ここでは改めて同相写像を作らねばなりません.

たとえば $h: \mathbb{Q}^+ \to \mathbb{Q}$ を

$$h(x) = \begin{cases} x-1 & (x \geqq 1 \text{ のとき}) \\ 1-\dfrac{1}{x} & (0 < x < 1 \text{ のとき}) \end{cases}$$

と定義すれば（下図）有理数を有理数にうつす連続写像になります.逆写像は

$$h^{-1}(y) = \begin{cases} y+1 & (y \geqq 0 \text{ のとき}) \\ \dfrac{1}{1-y} & (y < 0 \text{ のとき}) \end{cases}$$

ですから,これも連続で,しかも有理数を有理数にうつします.

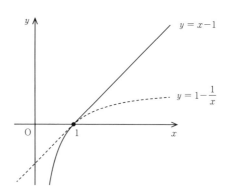

この$h$の，$x=1$における連続性は大丈夫なのかな，という用心深い人のために，例題をひとつ追加します：

## 例題

写像$f:X \to Y$，$g:X \to Y$がいずれも点$p \in X$において連続で，かつ$f(p)=g(p)$をみたす．写像$h:X \to Y$はすべての点$x \in X$で$h(x)=f(x)$または$h(x)=g(x)$をみたすものとする．このとき，写像$h$も点$p$において連続である．

点$p$における共通の値を$f(p)=g(p)=h(p)=q$とおき，この点$q$の任意の近傍$V$が与えられたとしましょう．ここで示すべきことは逆像$h^{-1}(V)$が点$p$の近傍になることです．いま，写像$f$と写像$g$が点$p$において連続なので，逆像$f^{-1}(V)$と$g^{-1}(V)$は点$p$の近傍です．ですから両者の共通部分$f^{-1}(V) \cap g^{-1}(V)$も点$p$の近傍です．この共通部分に属する点$x \in f^{-1}(V) \cap g^{-1}(V)$については，$h(x)=f(x)$と$h(x)=g(x)$のいずれであっても，$h(x) \in V$になるので，$x \in h^{-1}(V)$となります．したがって

$$f^{-1}(V) \cap g^{-1}(V) \subset h^{-1}(V)$$

となり，$h^{-1}(V)$も$p$の近傍であることがわかります．点$q$の任意の近傍の$h$による逆像が点$p$の近傍なので，写像$h$は点$p$において連続なのです．これが証明すべきことでした．

たとえば，$h:\mathbb{R} \to \mathbb{R}$を，$x$が有理数のとき$h(x)=x$とし$x$が無理数のとき$h(x)=-x$と定めれば，写像$h$は原点$x=0$において（だけ）連続になるわけです．

第5章
# 基本近傍系・開基・稠密性

　位相空間をめぐる基本的な定義をようやく説明し終えたので，これから少しだけペースを上げて，位相空間のいろいろな性質を調べていきます．今回は，可算性に関係するみっつの性質を，それぞれに関連する一般的で重要な定義とともに紹介します．でもその前に…

## ┃ そろそろタイトルのタネあかし

　この本のサブタイトル「やわらかいイデアの世界」について，そろそろ説明しましょう．

　位相空間を定めるための方法としてわたくしたちは各点の近傍フィルターを指定する方法を採用し，それによって，空間の開集合系を定義しました．しかしながら，位相空間を定める方法として，開集合系を指定する方法がしばしば有効であることも，すでに指摘したとおりです．位相空間を定義するには，

- 各点の近傍フィルターを指定する（第1章第4節）
- 内部演算 Int を定める（第2章第4節）
- 開集合系を指定する（第2章第5節）
- 閉集合系を指定する（第4章第1節）
- 閉包演算 Cl を定める（第4章第1節）
- 各点の基本近傍系を指定する（第5章第2節）

- 開基を指定する（第 5 章第 3 節）

などなど，いろいろな方法があり，どのアプローチをとっても，最終的に同等な結果が得られます．そして，位相空間という概念を理解する鍵となるのは，集合 $A$ と要素 $p$ の間に成立しうる

- $A$ は $p$ の近傍である，
- $p$ は $A$ の内点である，
- $p \in U \subset A$ をみたす開集合 $U$ が存在する，
- $p \in \mathrm{Int}(A)$，

といった言葉で表現される関係を理解することでした．このよっつはお互いに同値であり，$A$ と $p$ の関係としては同じひとつの事態を指し示しています．位相を学ぶ人にとって，これらの表現が指し示している事態を適切につかみとることが，さしあたりの目標となるわけですが，そのために実際にできることといえば，手を動かして論証の筋道をたどり，異なる表現の論理的・数学的な同値性を納得し，そのことを通じて，これらすべての用語に十分習熟すること，このほかには何もありません．言葉を超越した事態の直観的な把握を目指しているようでいて，しかしそのためには，言葉で表現された抽象概念の扱いに習熟するほかに道はないのです．

　位相空間の定義をめぐるいろいろな言葉づかいや，点とその近傍の関係のさまざまな言い表し方など，観点が異なるけれども論理的・数学的には同値な複数の言い方が指し示すひとつの同じ事態ないし事物というものを，少々あぶなっかしい言い方であることは承知の上で，（プラトンに倣って）わたくしは簡潔に「イデア」とよんだのです．

　もっとも，そうよんだからといって，わたくしとて，位相空間論の抽象概念が文字どおりに実在すると信じているわけでもないのです．

　たしかに，数学者は，抽象的な概念を，目の前の具体的な事物と同様に，まるで手にとって扱っているように語ります．あたかも，数学者がみな抽象概念の客観的実在を確信しているプラトン主義者であるかのようです．けれども，数学の

議論はつねに（図などを補助手段として用いながらも）言葉のやりとりで行なわれるわけですから，言葉を超越した数学的対象というものについて，ひとりひとりの数学者が，胸の奥でどう考えているか，それは数学の議論を聞いているだけではわかりっこありません．そもそも，数学的な対象の存在論的な地位というのは，哲学にとっては大問題であっても，数学の問題ではありませんし，そこを敢えて明らかにせずとも有益な議論ができることこそが，数学の優れた特長なのです．

　ですから，さしあたり，わたくしたちは，抽象的に与えられる概念の論理的な扱いにじゅうぶん慣れ親しむことを目指しましょう．抽象概念の存在論については，数学に堪能になったあとで，みなさんご自身で考えてみられることを期待します．

## 2 基本近傍系と第1可算公理

　ユークリッド空間をはじめとする距離空間 $(X, \rho)$ において，$X$ の部分集合 $A$ が点 $p$ の近傍であることは，ある正数 $\varepsilon$ について，$p$ の $\varepsilon$-近傍 $U_\rho(p, \varepsilon)$ が $A$ の部分集合となること，と定義されました：

$$p \in \operatorname{Int}(A) \Longleftrightarrow U_\rho(p, \varepsilon) \subset A \text{ となる } \varepsilon \text{ が存在する.}$$

この意味で，正数 $\varepsilon$ に対する $U_\rho(p, \varepsilon)$ は，点 $p$ の近傍のうち，とくに代表的なものと言ってよさそうです．

　さて，$\varepsilon$-近傍のうちから，さらに $\varepsilon$ が $1, 1/2, 1/3, \cdots$ と自然数の逆数である場合だけを抜き出しても，

$$p \in \operatorname{Int}(A) \Longleftrightarrow U_\rho(p, 1/n) \subset A \text{ となる } n \text{ が存在する}$$

が成立します．どの正数 $\varepsilon$ についても，ある番号 $n$ で $1/n \leqq \varepsilon$ が成立して，

$$p \in U_\rho(p, 1/n) \subset U_\rho(p, \varepsilon)$$

となります．ですから，ある正数 $\varepsilon$ について $U_\rho(p, \varepsilon) \subset A$ となるなら，ある番号 $n$ について $U_\rho(p, 1/n) \subset A$ ともなるわけです．ですから $n = 1, 2, 3, \cdots$ に対する $1/n$-近傍 $U_\rho(p, 1/n)$ が，$p$ の近傍全体のうちで，とくに代表的なものになっています．

　一般の位相空間の場合に，このやや漠然とした「とくに代表的な近傍」という考えをきちんと言葉で定式化したのが，次に述べる基本近傍系の概念です．

**定義**　位相空間 $X$ の部分集合族 $\mathcal{B}$ が点 $p$ の**基本近傍系**であるとは，$X$ の任意の部分集合 $A$ について，
$$p \in \mathrm{Int}(A) \Longleftrightarrow \mathcal{B} \text{ のある要素 } B \text{ について } B \subset A$$
となっていることをいう．

この定義によれば，集合族 $\mathcal{B}$ が点 $p$ の基本近傍系であるためには，

(i) $\mathcal{B}$ の各メンバー $B$ は点 $p$ の近傍である，
(ii) 点 $p$ のどの近傍も $\mathcal{B}$ のあるメンバーを含む，

の 2 条件が成立していることが必要かつ十分です．(i)は一見すると定義に含まれていないように見えますが，$\mathcal{B}$ の各メンバー $B$ について，定義における同値式にあらわれる部分集合 $A$ として $B$ 自身をとって $\Leftarrow$ を考えれば，成立することがわかります．

どんな位相空間においても，各点の基本近傍系の取り方はたくさんあります．すでに述べたとおり，距離空間 $(X, \rho)$ においても

(a) 点 $p$ のすべての近傍からなる近傍フィルター $\mathcal{N}(p)$,
(b) 点 $p$ の $\varepsilon$-近傍全体 $\{U(p, \varepsilon) \mid \varepsilon > 0\}$,
(c) 点 $p$ の $1/n$-近傍全体 $\{U(p, 1/n) \mid n = 1, 2, 3, \cdots\}$,

のように，少なくとも 3 とおりの基本近傍系の取り方がありました．基本近傍系の選び方は一意ではないわけですが，ともあれ，各点の基本近傍系を指定すれば，その点の近傍がすべて定まり，空間の位相が確定することがわかります．この意味で，基本近傍系は，近傍フィルターや開集合系の指定と同様に，位相空間の構造を決定するものです．すなわち，各点の基本近傍系を出発点として集合に位相空間としての構造を与えることができます．そのために基本近傍系がみたすべき構造的な条件を，第 2 章 15 ページの近傍フィルターの条件(n1)-(n5)に倣って述べることも，もちろん可能ですが，その話はここでは割愛します．

距離空間においては，各点は，$1/n$-近傍全体からなる可算な基本近傍系をもち

ます．距離空間のこの特徴にも，名前がつけられています．

**定義**　各点が可算な基本近傍系をもつ位相空間は**第 1 可算公理をみたす空間**あるいは略して**第 1 可算空間**とよばれる．

したがって，すべての距離空間は第 1 可算空間です．

**例 1**　距離空間以外の第 1 可算空間の例として，ゾルゲンフライ直線 $\mathbb{S}$ があります（第 3 章 33 ページ）．ゾルゲンフライ直線 $\mathbb{S}$ の各点，すなわち実数 $x$ に対し，半開区間 $(x-1/n, x]$ $(n = 1, 2, 3, \cdots)$ の全体が基本近傍系をなすので，$\mathbb{S}$ は第 1 可算公理をみたすのです．

いっぽう，重要な位相空間の中にも第 1 可算でないものがいろいろあります．そのような例として各点収束位相のもとでの連続関数の空間をあげておきましょう．

**例 2**　閉区間 $[0, 1]$ 上の実数値連続関数の全体を $\mathrm{C}([0, 1])$ と書きます．$\mathrm{C}([0, 1])$ の点（すなわち連続関数）$u$ に対して，$[0, 1]$ の有限部分集合 $S$ と正数 $\varepsilon$ が指定されるごとに

$$U(u, S, \varepsilon) = \left\{ f \in \mathrm{C}([0, 1]) \,\Big|\, \max_{t \in S} |f(t) - u(t)| < \varepsilon \right\}$$

と集合 $U(u, S, \varepsilon)$ を定めましょう．次ページの図 1 のように，$S$ の各要素 $t$ のところに $u(t)$ の上下 $\varepsilon$ ずつの範囲のゲートがあって，それらをすべて通過する関数 $f$ の集合が $U(u, S, \varepsilon)$ ということになります．

いま，$S$ を $[0, 1]$ の有限部分集合全体，$\varepsilon$ を正数全体にわたって動かして得られる $U(u, S, \varepsilon)$ の全体を $u$ の基本近傍系として $\mathrm{C}([0, 1])$ に位相空間の構造を与えます．すなわち，$\mathrm{C}([0, 1])$ の部分集合 $A$ が $\mathrm{C}([0, 1])$ の要素 $u$ の近傍であるのは，閉区間 $[0, 1]$ のなんらかの有限部分集合 $S$ となんらかの正数 $\varepsilon$ について $U(u, S, \varepsilon) \subset A$ となるときである，とします．これは，距離空間において $\varepsilon$-近傍を用いて位相を定める方法によく似ています．ただし，正数

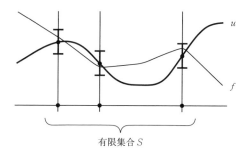

有限集合 $S$

図 1

$\varepsilon$ だけでなく，関数値の近さを測る有限個の場所の集合 $S$ をも指定して近傍を作るところが違っています．

　閉区間 $[0,1]$ 上の連続関数の列 $u_1, u_2, u_3, \cdots$ と連続関数 $u$ を考えるとき，この位相のもとで，$u$ の任意の近傍 $A$ に対して十分大きいすべての番号 $n$ が $u_n \in A$ をみたす《点列の収束》が，単に $[0,1]$ のすべての点 $t$ で数列 $u_n(t)$ が数 $u(t)$ に収束するという《各点収束》と，ぴったり同値になってくれます．そこで，この位相を**各点収束位相**といいます．連続関数の空間 $C([0,1])$ を各点収束位相のもとで考えたものは，その他のいろいろな位相と区別するために，とくに $C_p([0,1])$ と表記します．添字の p は "各点"（pointwise）の略です．

　解析学への応用の観点から関数の空間の性質を知るため，また，いろいろな位相空間の性質を例示するため，空間 $C_p([0,1])$ や，定義域を他の空間に一般化した $C_p(X)$ が，位相空間論で詳しく調べられています．

　さて，この空間 $C_p([0,1])$ は第 1 可算公理をみたしません．これを示すために，連続関数 $u$ の可算個の近傍

$$A_1, A_2, A_3, \cdots$$

が与えられたとします．各 $A_n$ に対し有限集合 $S_n$ と正数 $\varepsilon_n$ を

$$U(u, S_n, \varepsilon_n) \subset A_n$$

となるようにとりましょう．各 $S_n$ は有限集合なのでその和集合 $\bigcup_{n=1}^{\infty} S_n$ は高々可算集合です．いっぽう，区間 $[0,1]$ は不可算なので，どの $S_n$ にも属しない実数 $s^* \in [0,1] \setminus \bigcup_{n=1}^{\infty} S_n$ がとれます．$U(u, \{s^*\}, 1)$ も空間 $C_p([0,1])$ にお

ける $u$ の近傍です．ところが，各番号 $n$ について，$t \in S_n$ のとき $f_n(t) = u(t)$ であり，かつ $f_n(s^*) = u(s^*)+1$ であるような連続関数 $f_n$ を見つけることは簡単です（図2）．このとき，$f_n \in U(u, S_n, \varepsilon_n) \subset A_n$ なのに $f_n \notin U(u, \{s^*\}, 1)$ なのですから，$A_n \not\subset U(u, \{s^*\}, 1)$ です．$U(u, \{s^*\}, 1)$ も $u$ の近傍なのに，どの $A_n$ も含まない，ということは，集合族 $\{A_n | n = 1, 2, 3, \cdots\}$ は点 $u$ の基本近傍系ではなかったということになります．点 $u$ の可算個の近傍 $A_n$ $(n = 1, 2, 3, \cdots)$ をどう集めても基本近傍系にならないのですから，$C_p([0,1])$ は第1可算公理をみたしません．これが証明したかったことでした．

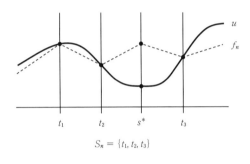

$$S_n = \{t_1, t_2, t_3\}$$

図2

# 3 開基と第2可算公理

基本近傍系が「近傍を決定する代表的な集合の集まり」だったように，「開集合を決定する代表的な集まり」として，開基というものが考えられます．

**定義**　位相空間 $X$ の部分集合族 $\mathcal{B}$ がこの空間の**開基**であるとは，$X$ のすべての部分集合 $A$ について

　　　$A$ が開集合 $\Longleftrightarrow$ 任意の要素 $p \in A$ に対して

　　　　　　　$\mathcal{B}$ の要素 $B$ が存在して $p \in B \subset A$ となる

となっていることをいう．

この定義の ⇐ において $A = B$ の場合を考えると，$\mathcal{B}$ に属する集合はすべて $X$ の開集合であることがわかります．また，$X$ の開集合はすべて，$\mathcal{B}$ に属する集合の和集合として表されることになります．すなわち，

   (1) $B \in \mathcal{B}$ ならば $B$ は $X$ の開集合である，

   (2) $A$ が $X$ の開集合であれば，等式 $A = \bigcup \{ B \in \mathcal{B} \mid B \subset A \}$ が成立する，

となることが，$\mathcal{B}$ が $X$ の開基であるための必要十分条件というわけです．このような $\mathcal{B}$ の選び方は一意的ではなく，ひとつの位相空間には，一般に何とおりもの開基が存在します．

空間の部分集合が開集合であるかどうかは開基との関係で決まるわけですから，空間の位相構造を定める方法として，まず開基を指定するというアプローチもありえます．このあたりの事情は，基本近傍系の場合とまったく同様です．

**演習 I**

$\mathcal{B}$ を位相空間 $X$ の開基とするとき，

   (a) $\bigcup \mathcal{B} = X$ であり，

   (b) $A, B \in \mathcal{B}$ かつ $x \in A \cap B$ のとき $\mathcal{B}$ のある要素 $C$ が $x \in C \subset A \cap B$,

をみたす．これを示せ．

**例 3**　実数直線 $\mathbb{R}^1$ において，両端が有理数であるような開区間の全体は開基をなします．

**定義**　可算な開基をもつ位相空間は**第 2 可算公理をみたす空間**あるいは略して**第 2 可算空間**とよばれる.

実数直線 $\mathbb{R}^1$ あるいは一般にユークリッド空間 $\mathbb{R}^n$ は第 2 可算空間の例になっています．いっぽう，ゾルゲンフライ直線 $\mathbb{S}$ は第 2 可算ではありません．そのことをいまから示します．証明のアイデアは単純なのですが，そこで用いられる次の一般的な補題の証明には，ひと手間かかります．

　　**補題**　$X$ を第 2 可算空間とし，$\mathcal{B}$ を $X$ の（かならずしも可算でない）任意の開基とするとき，$\mathcal{B}$ の可算な部分集合で，開基をなすものが存在する．

　これを証明するために，与えられた開基 $\mathcal{B}$ のほかに可算な開基 $\mathcal{C} = \{C_1, C_2, C_3, \cdots\}$ があったとします．$C_m \subset B \subset C_n$ をみたす $\mathcal{B}$ のメンバー $B$ が少なくともひとつ存在するような自然数のペア $(m, n)$ 全体の集合を $P$ とします．$P$ は可算集合です．各要素 $(m, n) \in P$ に対して $C_m \subset B \subset C_n$ をみたす $\mathcal{B}$ のメンバー $B$ をひとつ選んで，それを $B_{m,n}$ としましょう．$\mathcal{B}_0 = \{B_{m,n} \,|\, (m, n) \in P\}$ は開基 $\mathcal{B}$ の可算な部分集合です．そこで $\mathcal{B}_0$ が空間 $X$ の開基になっていることを示せば，補題の証明は終わることになります．この検証は，開基の概念に親しむいい機会になると思うので，演習問題として残します．

## 演習 2

　このようにして得られた $\mathcal{B}_0$ が空間 $X$ の開基であることを確かめよ．各 $B_{m,n}$ が開集合であることは（$\mathcal{B}$ が開基であることから）明らかなので，示すべきことは，開集合 $U$ とその任意の要素 $p$ に対して，$p \in B_{m,n} \subset U$ となるような $P$ の要素 $(m, n)$ が存在することである．

　ゾルゲンフライ直線 $\mathbb{S}$ の話に戻ります．わたくしたちは $\mathbb{S}$ が第 2 可算公理をみたさないことを示そうとしているのでした．補題によれば，そのためには，左半開区間からなる可算な開基が存在しないことを証明すれば十分です．そこで，可算個の左半開区間

　　$(a_1, b_1], (a_2, b_2], (a_3, b_3], \cdots$

が与えられたとします．これらが $\mathbb{S}$ の開基をなさないことを示せばよいのです．$b^*$ を $b_1, b_2, b_3, \cdots$ のどれとも一致しない実数とし，$a^* = b^* - 1$ とします（$a^*$ は $b^*$ より小さい実数なら何でもよろしい）．すると $(a^*, b^*]$ は $\mathbb{S}$ の開集合です．もしも $(a_n, b_n]$ の全体が $\mathbb{S}$ の開基であるなら，$(a_n, b_n] \subset (a^*, b^*]$ であるような $(a_n, b_n]$ の和集合をとると $(a^*, b^*]$ に一致するはずですが，そのような $n$ については $a^* \leqq a_n < b_n \leqq b^*$ かつ $b^* \neq b_n$ なので，つねに $b_n < b^*$ となっています．したがって，$b^*$ はこの和集合に属しません．ということは，和集合が半開区間 $(a^*, b^*]$ に一致することはありえないわけです．こうして，$(a_n, b_n]$ の全体は $\mathbb{S}$ の開基ではありません．ゾルゲンフライ直線は第2可算空間ではないのです．

# 4 稠密集合と可分性

　任意の実数は有理数でいくらでも近似できます．実数のこの性質は，《有理数の稠密性》とよばれます．どの実数のどれほど近くにでも有理数が存在する，というのです．このことを位相の言葉でいえば，実数直線 $\mathbb{R}^1$ の中で有理数全体のなす部分集合 $\mathbb{Q}$ の閉包が空間全体になる（$\mathrm{Cl}(\mathbb{Q}) = \mathbb{R}^1$），ということになります．一般の位相空間の部分集合についても同様に，次のように定義しましょう．

> **定義**　位相空間 $X$ の部分集合 $D$ が**稠密**であるとは $\mathrm{Cl}(D) = X$ となることをいう．

　部分集合 $D$ の閉包とは $D$ を含む最小の閉集合です．閉集合とは開集合の補集合にほかなりませんから，開集合 $U$ については $U \cap D = \emptyset$ と $U \cap \mathrm{Cl}(D) = \emptyset$ とは同値です．そこで $\mathrm{Cl}(D) = X$ とは，$U \cap D = \emptyset$ となるような開集合 $U$ が空集合以外に存在しない，ということを意味します．対偶をとって言いなおせば，

　　$D$ が稠密 $\Longleftrightarrow$ すべての空でない開集合 $U$ について $U \cap D \neq \emptyset$

ということです．

　実数における有理数の稠密性により，空でない開区間はすべて有理数を含みます．すると，空でない半開区間ももちろん有理数を含むことになります．このことから，有理数全体の集合 $\mathbb{Q}$ は，ゾルゲンフライ直線 $\mathbb{S}$ の稠密部分集合でもあ

ります．また，多次元のユークリッド空間 $\mathbb{R}^n$ では，座標がすべて有理数であるような点（有理点）の全体 $\mathbb{Q}^n$ が稠密集合になっています．

このように，実数の空間 $\mathbb{R}^n$ は可算な稠密部分集合 $\mathbb{Q}^n$ をもちます．実数の空間のこの特徴にも，名前がついています．

**定義** 可算な稠密部分集合をもつ位相空間は**可分**であるという．

そこで，ユークリッド空間 $\mathbb{R}^n$ は可分です．またゾルゲンフライ直線 $\mathbb{S}$ も可分です．

**例4** 第1可算でない空間の例として第2節であげた $C_p([0,1])$ も，意外なことに可分で，可算な稠密部分集合をもちます．少々難しくなるのでここでは証明に深入りせず概要を述べるにとどめますが，閉区間上の連続関数が多項式によって一様に近似できるというワイエルシュトラスの定理を応用します．近似多項式の係数をすべて有理数に制限しても，やはり閉区間上の連続関数は有理数係数の多項式で一様に近似できることになります．区間全体で一様に近似してしまえば，その近似が，そのつど指定される有限個の点においての近似にもなっていることは明らかですから，有理数係数の多項式で与えられる $[0,1]$ 上の連続関数の全体は $C_p([0,1])$ の稠密部分集合になるのです．有理数が可算個しかないことから，有理数係数の多項式で与えられる $[0,1]$ 上の連続関数の全体も可算です．

**例5** 第2可算空間は可分です．可算な開基 $\{B_1, B_2, B_3, \cdots\}$ の各メンバーから1点ずつ $b_n \in B_n$ を選んで，$D = \{b_1, b_2, b_3, \cdots\}$ を作れば，これが可算な稠密集合になります．というのも，開基の条件から，空でない開集合は必ず，開基のメンバー $B_n$ を含むはずですから．

また，第2可算空間が第1可算空間であることもすぐにわかります．$\mathcal{B}$ が可算な開基であれば，各点 $x$ に対して
$$\mathcal{B}_x = \{B \in \mathcal{B} \mid x \in B\}$$

が $x$ の可算な基本近傍系になりますから．そこで，第 2 可算なら第 1 可算かつ可分ということになります．ゾルゲンフライ直線のように第 1 可算かつ可分だけれども第 2 可算ではない空間の例があるので，逆は言えないのですが，距離空間の場合には，次に示すとおり，逆が成立します．

**定理** 可分な距離空間は第 2 可算である．

可分な距離空間 $(X, \rho)$ が与えられたとして，稠密な可算部分集合 $D = \{a_1, a_2, a_3, \cdots\}$ をとりましょう．番号 $m$ と $n$ に対して

$U_{m,n} = U_\rho(a_m, 1/n)$

とおき，それらを集めて $\mathcal{U} = \{U_{m,n} \mid m, n = 1, 2, 3, \cdots\}$ を作ったとします．この $\mathcal{U}$ は可算集合です．そこであとはこの $\mathcal{U}$ が $X$ の開基になってくれればよいのです．$U_{m,n}$ がどれも開集合であることはよいでしょう（第 3 章 43 ページ，演習 1 を参照）．開集合 $A$ とその要素 $p$ を考えると，ある番号 $k$ について，$U_\rho(p, 1/k) \subset A$ となります．ここで $D$ の稠密性に訴えて $\rho(p, a_m) < 1/(2k)$ となる $m$ をとりましょう．このとき $p \in U_{m,2k}$ です．また $x \in U_{m,2k}$ のとき，$\rho(x, a_m) < 1/(2k)$ であり，また $\rho(a_m, p) < 1/(2k)$ なので，三角不等式により $\rho(x, p) < 1/k$ であることがわかり，$x \in U_\rho(p, 1/k) \subset A$ すなわち $x \in A$ となります．こうして $U_{m,2k} \subset A$ となるので，$X$ の任意の開集合が $\mathcal{U}$ のメンバーの和集合で表されることが確かめられました．

## 演習 3

実数全体の集合 $\mathbb{R}$ を $X$ と書き，その要素 $x$ と番号 $n = 1, 2, 3, \cdots$ に対して $X$ の部分集合 $B_n(x)$ を次のように定める：$x$ が有理数なら $B_n(x) = \{x\}$ であり，$x$ が無理数ならその周囲 $\pm 1/n$ の範囲の有理数を含めて $B_n(x) = \{x\} \cup ((x - 1/n, x + 1/n) \cap \mathbb{Q})$ とする．$\{B_n(x) \mid n = 1, 2, 3, \cdots\}$ を $x$ の基本近傍系として $X$ の位相を定めたとき：

(i) $X$ は可分であり，

(ii) 無理数全体の集合 $\mathbb{R} \setminus \mathbb{Q}$ は $X$ の部分空間としては可分でない．

これを示せ．

今回とりあげた，第1可算，第2可算，可分といった空間の性質は，わたくしたちの直観的な空間概念の標準的な定式化といえるユークリッド空間 $\mathbb{R}^n$ のもつ特徴の一部を，位相空間論の一般的な概念として抽出してきたものです．こうした性質を備えた位相空間は，それだけわたくしたちのもつ「空間らしさ」のイメージに近いものになってくれるというわけです．「分離公理」「連結性」などこれからの回で扱う位相空間の性質も，ユークリッド空間や，その部分空間のもつ直観的にイメージしやすい性質を，位相空間の抽象的な言葉で定式化したものである場合が多いのです．

ここまでに出てきたいろいろな空間の中で，とくに「可分な距離空間」は，第2可算であり，距離空間でもあり，その意味でもユークリッド空間にかなり近いといえます．いまは抽象的な性質の羅列で述べましたが，この《近い》という言葉には，もっと具体的な意味をもたせることが可能です．そうしたことを明らかにするために，位相空間を調べるツールを整えていく，というのが，本書のこの先の大きな流れです．

いっぽう，おいおい明らかになるように，第1可算で可分なゾルゲンフライ直線のような空間でも，詳しく見てゆけば，ユークリッド空間とかなり違う性質を示します．興味深い個性をそれぞれにもつ，さまざまな位相空間を，一般的な概念で分析・分類していくのも，位相空間論の醍醐味のひとつといえるでしょう．

# 演習

## 演習 I

$\mathcal{B}$ を位相空間 $X$ の開基とするとき,

　(a) $\bigcup\mathcal{B} = X$ である.
　(b) $A, B \in \mathcal{B}$ かつ $x \in A \cap B$ ならば $\mathcal{B}$ のある要素 $C$ が $x \in C \subset A \cap B$,

をみたす. これを示せ.

まず復習しておけば, $\mathcal{B}$ が開基であるためには,

　(1) 各 $B \in \mathcal{B}$ が $X$ の開集合であり,

かつ,

　(2) $X$ の任意の開集合 $U$ が $\mathcal{B}$ のメンバーの和集合になることが, 必要かつ
　　　十分,

でした. いま空間全体 $X$ はたしかに開集合なので, 条件(2)より $\mathcal{B}$ のメンバーの
和集合になります. つまり $\mathcal{B}$ のある部分集合 $\mathcal{B}' \subset \mathcal{B}$ について $\bigcup\mathcal{B}' = X$ となる
というわけですが, いっぽうで $\bigcup\mathcal{B}' \subset \bigcup\mathcal{B} \subset X$ は明らかなので, $\bigcup\mathcal{B} = X$ が成
立します. これで(a)が示されました. 次に $A$ と $B$ を $\mathcal{B}$ の任意のメンバーとし
て $x \in A \cap B$ としましょう. 条件(1)より $A$ と $B$ はどちらも開集合なので,
$A \cap B$ も開集合であり, 条件(2)より $\mathcal{B}$ の部分集合 $\mathcal{B}'' = \{C \in \mathcal{B} | C \subset A \cap B\}$ の
和集合になります. $x \in A \cap B = \bigcup\mathcal{B}''$ なので, $\mathcal{B}''$ のあるメンバー $C$ について
$x \in C$ となっています. すなわち, $x \in C \subset A \cap B$ をみたす $\mathcal{B}$ のメンバー $C$ が存
在するわけです. これが示したかったことでした.

実は，この条件(a)と(b)は，$\mathcal{B}$ がなんらかの位相の開基であるための必要十分条件になっています．いま集合 $X$ 上に条件(a)と(b)をみたす部分集合族 $\mathcal{B}$ があったとして，各 $x \in X$ に対して $X$ の部分集合族 $\mathcal{N}(x)$ を

　　　$\mathcal{N}(x) = \{A \subset X \mid ある B \in \mathcal{B} について x \in B \subset A\}$

と定めると，近傍フィルターの条件(n1)-(n5)（第 2 章 15 ページ）が成立して $X$ のある位相の近傍フィルターが定まります．この近傍の定めかたから，$X$ の部分集合 $A$ が開集合であるためには，その任意の要素 $p \in A$ に対して $\mathcal{B}$ のあるメンバー $B$ が $p \in B \subset A$ をみたすことが必要かつ十分なので，$\mathcal{B}$ はこの位相の開基なのです．

　このことから，集合 $X$ の任意の部分集合族 $\mathcal{A}$ に対して，$\mathcal{A}$ の任意有限個のメンバーの共通部分をすべて集めて $\mathcal{A}^* = \{A_1 \cap \cdots \cap A_n \mid A_1, \cdots, A_n \in \mathcal{A}, \ n = 1, 2, 3, \cdots\}$ を作り，（和集合が $X$ 全体になるように）この集合族 $\mathcal{A}^*$ に $X$ を加えて $\mathcal{B} = \mathcal{A}^* \cup \{X\}$ とすれば，$\mathcal{B}$ は $X$ のある位相 $\mathcal{O}_{\mathcal{A}}$ の開基となります．この位相 $\mathcal{O}_{\mathcal{A}}$ は，$\mathcal{A}$ のメンバーをすべて開集合とするために必要なぎりぎり最小限の開集合のみからなる，という条件によって定まります．この位相 $\mathcal{O}_{\mathcal{A}}$ を，集合族 $\mathcal{A}$ によって**生成された**位相と呼びます．たとえば，数直線 $\mathbb{R}^1$ の通常の位相は開区間の全体によって生成された位相，ゾルゲンフライ直線 $\mathbb{S}$ の位相は左半開区間の全体によって生成された位相というわけです．また，$\mathbb{R}^1$ の位相は開いた半直線の全体

　　　$\{(-\infty, b) \mid b \in \mathbb{R}\} \cup \{(a, \infty) \mid a \in \mathbb{R}\}$

によって生成された位相，$\mathbb{S}$ の位相は閉じた左半直線と開いた右半直線の全体

　　　$\{(-\infty, b] \mid b \in \mathbb{R}\} \cup \{(a, \infty) \mid a \in \mathbb{R}\}$

によって生成された位相，でもあります．

## 演習 2

74 ページの証明において与えられた $\mathcal{B}_0$ が空間 $X$ の開基であることを確かめよ．

　まず 74 ページでの $\mathcal{B}_0$ の構成を振り返りましょう．なんらかの開基 $\mathcal{B}$ と，また別の可算な開基 $\mathcal{C} = \{C_n \mid n = 1, 2, 3, \cdots\}$ に対し，$C_m \subset B \subset C_n$ となる $\mathcal{B}$ のメ

ンバー $B$ が存在するとき，対 $(m, n)$ を集合 $P$ に入れ，条件をみたす $B$ を一つ選んで $B_{m,n}$ とします．そうして $\mathcal{B}_0 = \{B_{m,n} \mid (m, n) \in P\}$ と定めます．

　この集合が開基であることを確かめましょう．各 $B_{m,n}$ が開集合であることは（$\mathcal{B}$ が開基であることから）明らかなので，任意の開集合 $U$ とその任意の要素 $p$ に対して，$p \in B_{m,n} \subset U$ となるような $P$ の要素 $(m, n)$ が存在することを示せばよいのです．$p \in U$ であって，$U$ は開集合なので，開基 $\mathcal{C}$ のあるメンバー $C_n$ について $p \in C_n \subset U$ となっています．この $C_n$ が開集合であり $\mathcal{B}$ が開基であることから，ある $B \in \mathcal{B}$ について $p \in B \subset C_n$ となっています．さらにこの $B$ が開集合であることから開基 $\mathcal{C}$ のあるメンバー $C_m$ について $p \in C_m \subset B$ となっています．このとき $C_m \subset B \subset C_n$ なので，対 $(m, n)$ は集合 $P$ に属することになり，$\mathcal{B}_0$ のメンバー $B_{m,n}$ について $p \in C_m \subset B_{m,n} \subset C_n \subset U$ となるわけです．こうして，任意の開集合 $U$ とその要素 $p$ に対して $\mathcal{B}_0$ のあるメンバー $B_{m,n}((m, n) \in P)$ が $p \in B_{m,n} \subset U$ をみたすことが示されました．

## 演習 3

実数全体の集合 $\mathbb{R}$ を $X$ と書き，その要素 $x$ と番号 $n = 1, 2, 3, \cdots$ に対して $X$ の部分集合 $B_n(x)$ を次のように定める：$x$ が有理数なら $B_n(x) = \{x\}$ であり，$x$ が無理数ならその周囲 $\pm 1/n$ の範囲の有理数を含めて $B_n(x) = \{x\} \cup ((x-1/n, x+1/n) \cap \mathbb{Q})$ とする．$\{B_n(x) \mid n = 1, 2, 3, \cdots\}$ を $x$ の基本近傍系として $X$ の位相を定めたとき：

　（i）$X$ は可分であり，
　（ii）無理数全体の集合 $\mathbb{R} \backslash \mathbb{Q}$ は $X$ の部分空間としては可分でない．

これを示せ．

　この問題の空間 $X$ は少しばかりイメージしにくいかもしれません．しかし，$X$ の要素 $x$ が有理数，無理数のいずれであってもその近傍 $B_n(x)$ がなんらかの有理数を要素にもつことに気づけば，（i）すなわち $X$ が可分であることは，すぐにわかります．というのも，有理数全体の集合 $\mathbb{Q}$ が $X$ において稠密になるからです．次に，要素 $x$ が無理数の場合に，近傍 $B_n(x) = \{x\} \cup ((x-1/n, x+1/n) \cap$

$\mathbb{Q}$) に属する無理数が $x$ ただひとつであることに注意しましょう．$B_n(x)$ は $x$ を含む $X$ の開集合であり，$B_n(x) \cap (\mathbb{R} \backslash \mathbb{Q}) = \{x\}$ なので，無理数 $x$ をただひとつの要素とする集合 $\{x\}$ は $X$ の部分空間としての無理数全体の集合 $\mathbb{R} \backslash \mathbb{Q}$ の開集合なのです．したがって，部分空間 $\mathbb{R} \backslash \mathbb{Q}$ において，すべての空でない開集合と共通の要素をもつ部分集合は，$\mathbb{R} \backslash \mathbb{Q}$ そのもの以外にありません．$\mathbb{R} \backslash \mathbb{Q}$ は可算集合でなく，それ以外には稠密部分集合が存在しないのですから，$X$ の部分空間としての $\mathbb{R} \backslash \mathbb{Q}$ は，可分ではありません．これが (ii) の主張していることです．

　さて，この特殊な例においてこそ，部分空間 $\mathbb{R} \backslash \mathbb{Q}$ は可分でなかったわけですが，数直線としての $\mathbb{R}^1$ の通常の位相やゾルゲンフライ直線 $\mathbb{S}$ の位相においては，部分空間 $\mathbb{R} \backslash \mathbb{Q}$ は可分です．というのも，稠密な可算部分集合
$$\{\sqrt{2} + q \mid q \in \mathbb{Q}\}$$
をもつからです．可分性というのは位相に関する性質なので，考えている集合が $\mathbb{R} \backslash \mathbb{Q}$ であるということだけから，その集合が部分空間として可分かどうかを判断することはできない，ということを，あらためて注意しておきます．

第**6**章

# 点と点を区別する：分離公理

距離関数の三角不等式

$$\rho(x,y) \leq \rho(x,z)+\rho(z,y)$$

を用いると，距離空間 $(X,\rho)$ において，$x$ と $y$ の両方までの距離がどちらも $\rho(x,y)/2$ 未満であるような点 $z$ が存在しないことがわかります．ですから距離空間 $(X,\rho)$ において，異なる2点 $x,y\in X$ について $\varepsilon = \rho(x,y)/2$ とすれば，$\varepsilon$ は正の数であって，$x$ と $y$ それぞれの $\varepsilon$-近傍 $U_\rho(x,\varepsilon)$ と $U_\rho(y,\varepsilon)$ には共通の要素がありません．$x$ と $y$ は共通要素をもたない近傍によって切り離されているわけです（図1）．

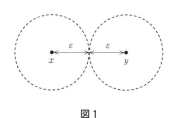

図1

このように相異なる点がいつでも近傍で切り離せる（分離できる）ということは，しかし，一般の位相空間の定義から導かれることではありません．

　点の分離に関する性質を位相空間の性質として抽出するのが，各種の分離公理です．たくさんあって混乱しがちなのですが，図を交えながら順を追って説明し

ますので，ひとまず気軽におつきあいください．

## ┃ 分離公理：ハウスドルフ空間

　最初に距離空間の場合に指摘した性質から始めましょう．

　**T₂ 分離公理**は，$x \neq y$ のとき $x$ の近傍 $U$ と $y$ の近傍 $V$ を，$U \cap V = \emptyset$ と交わらないようにとれる，という主張です（図2）.

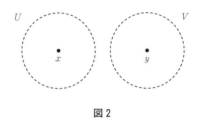

図 2

　**T₁ 分離公理**は少し弱くなって，$x \neq y$ のとき，$x$ の近傍であって $y$ の近傍でないような集合と $y$ の近傍であって $x$ の近傍でないような集合の両方がみつかる，という主張です（図3）.

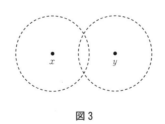

図 3

ですから T₁ 分離公理は異なる 2 点 $x$ と $y$ の近傍フィルター $\mathcal{N}(x)$ と $\mathcal{N}(y)$ がお互いを部分集合として含まない，という主張と同値になります．また，点 $x$ と異なるどの点 $y$ も $x$ を含まない近傍 $V$ をもつことから，すべての点 $x$ について $\{x\}$ が閉集合であること，というのが T₁ 分離公理の別表現になっています．ま

た，すべての有限部分集合が閉集合である，というのも $T_1$ 分離公理の別表現です．

さらに弱い **$T_0$ 分離公理**は，$x \neq y$ のとき，$x$ と $y$ のどちらか一方の近傍であって他方の近傍でないような集合がみつかる，という主張です．これは近傍フィルター $\mathcal{N}(x)$ と $\mathcal{N}(y)$ が一致しないという主張と同値になります（図 4）．ですから，$T_0$ 分離公理をみたさない位相空間では，$x \neq y$ なのに $\mathcal{N}(x) = \mathcal{N}(y)$ であるような，近傍の言葉ではまるで区別できない 2 点が存在することになります．

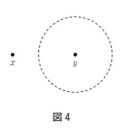

図 4

最初に指摘したとおり，一般に距離空間においては $T_2$ 分離公理が成立しています．またゾルゲンフライ直線 $\mathbb{S}$ も $T_2$ 分離公理をみたします．$x \neq y$ だったとして，たとえば $x < y$ ならば，$x$ の近傍 $(x-1, x]$ と $y$ の近傍 $(x, y]$ とが，共通の要素をもたないようにとれるからです．

$T_2$ 分離公理をみたす位相空間のことを**ハウスドルフ空間**といいます．ですから，距離空間もゾルゲンフライ直線もハウスドルフ空間です．しかし，すべての位相空間がこれらの分離公理をみたすわけではありません．

**例 1**　要素を 2 個以上もつような密着位相空間（第 3 章 32 ページ）では，全体集合以外には点の近傍が存在しないので，どの 2 点も近傍で区別することはできず，$T_0$ 分離公理すら成立していません．

**例 2**　要素を 2 個だけもつ集合 $X = \{0, 1\}$ において $\mathcal{O} = \{\emptyset, \{0\}, \{0, 1\}\}$ を開集合系とすることで，$X$ は位相空間となります．この空間は $T_0$ 分離公理をみたし，$T_1$ 分離公理をみたしません．

**例 3**　$X$ を任意の無限集合とし，$X$ の閉集合とは，有限部分集合または $X$ 全体だけである，と定めると，$X$ は位相空間となります(この位相を"補有限位相"といいます)．$X$ の各点 $x$ について $\{x\}$ は閉集合なので，$X$ は $T_1$ 分離公理をみたしますが，相異なる 2 点を分離する交わらない開集合の対が存在しないので，$T_2$ 分離公理はみたされません．ですからこの $X$ はハウスドルフ空間でない $T_1$ 空間ということになります．

**演習 I**

例 3 の主張を確かめよ．

　これらの例はいかにも人為的で，あるいは病的にすら見えるかもしれません．解析学や位相幾何学で出会う位相空間の多くはハウスドルフ空間なのですから，ハウスドルフでない空間が一見奇妙に見えるのも無理はありません．しかし，ハウスドルフ空間でない位相空間にも，代数幾何学におけるザリスキ位相や，コンピュータ・プログラムの理論におけるスコット位相など，応用上重要な例があります．

# 2 点列の収束とフィルターの収束

　位相空間における点の列

　　$x_1, x_2, \cdots, x_n, \cdots$

が点 $p$ に収束するとは，点 $p$ の任意の近傍 $U$ について，十分大きいすべての番号 $n$ が $x_n \in U$ をみたすことでした．このことを少し違う観点から見てみましょう．
　空間 $X$ の点の列

　　$x_1, x_2, \cdots, x_n, \cdots$

が与えられたとしましょう．各番号 $k$ に対して，$k$ より先の番号 $n$ に対応する点 $x_n$ の全体を $E_k$ とします．

　　$E_k = \{x_k, x_{k+1}, \cdots\}$

そして，$X$ の部分集合の族 $\mathcal{F}$ を，

$$\mathcal{F} = \{A \subset X \mid \text{ある番号 } k \text{ について } E_k \subset A\}$$

と定めたとしましょう．すると，この $\mathcal{F}$ は，

(1) 全体集合 $X$ を含む，

(2) 空集合を含まない，

(3) 大きい集合に取り替える操作のもとで閉じている，

(4) 有限個のメンバーの共通部分をとる操作のもとで閉じている，

という条件をみたし，$X$ におけるひとつのフィルターになっています（第 1 章 8 ページ）．このようにして定められたフィルター $\mathcal{F}$ を，**点列 $x_1, x_2, \cdots$ から生成されたフィルター**とよぶことにしましょう．すると，次のことが成立します．

　　**定理**　点列 $x_1, x_2, \cdots$ が点 $p$ に収束するためには，この点列から生成されたフィルター $\mathcal{F}$ が点 $p$ のすべての近傍を含むこと，すなわち，$\mathcal{N}(p) \subset \mathcal{F}$ となることが，必要かつ十分である．

　点列 $x_1, x_2, \cdots$ が点 $p$ に収束するということは，定義によれば $p$ の任意の近傍 $U$ に対して，ある番号 $k$ があって $n \geq k$ であるかぎりつねに $x_n \in U$ となる，ということです．これは $E_k \subset U$ ということです．そのような番号 $k$ が存在することが，$U$ がフィルター $\mathcal{F}$ に属することのもともとの定義でした．これで定理が成立することがわかります．

　この定理にヒントを得て，次のように定義します．

　　**定義**　位相空間 $X$ におけるフィルター $\mathcal{F}$ が $X$ の点 $p$ に**収束する**とは，$\mathcal{N}(p) \subset \mathcal{F}$ となること，すなわち点 $p$ のすべての近傍がフィルター $\mathcal{F}$ に属することをいう．フィルター $\mathcal{F}$ が点 $p$ に収束することを

$$\mathcal{F} \to p$$

と書く．

距離空間では，位相をめぐるいろいろな概念を，すべて，点列の収束を基盤として語ることができます．というのも，距離空間においては，部分集合 $A$ の閉包 $\mathrm{Cl}(A)$ は，$A$ の点からなる点列が収束するような点全体の集合に一致するからです．距離空間より少し広く，第1可算空間においても同様に，点列の収束が位相を特徴づけてくれます．一般の位相空間では，このように点列の収束だけで話を済ませることはできないので，より広い概念としてフィルターの収束を考えるのです．点列から生成されるフィルターの収束はもとの点列の収束と同値なので，点列に関する収束の概念が，これで一般化されたことになります．

　このように概念を拡張することで，位相空間におけるいろいろな概念をフィルターの収束を基盤として語れるようになります．例として写像の連続性を考えてみます．位相空間の間の写像 $f: X \to Y$ と $X$ におけるフィルター $\mathcal{F}$ が与えられたとき，$f$ による $\mathcal{F}$ の**像フィルター** $f(\mathcal{F})$ を

$$f(\mathcal{F}) = \{B \subset Y \mid f^{-1}(B) \in \mathcal{F}\}$$

と定めます．すると $f(\mathcal{F})$ はたしかに $Y$ におけるフィルターになっています．このとき，写像 $f$ が $X$ の点 $p$ において連続であるためには，$X$ における任意のフィルター $\mathcal{F}$ について

　　$\mathcal{F} \to p$ 　ならば　$f(\mathcal{F}) \to f(p)$

となることが，必要かつ十分です．$X$ の点列 $x_1, x_2, \cdots$ から生成されるフィルターの $f$ による像フィルターが，$Y$ の点列 $f(x_1), f(x_2), \cdots$ から生成されるフィルターに一致することに注目してください．ですから，写像の連続性のこの別表現は，距離空間における連続性の条件

　　$n \to \infty$ 　のとき　$x_n \to p$ 　ならば　$f(x_n) \to f(p)$

の，適切な拡張になっているわけです．


　さて，分離公理に話を戻しましょう．各点 $p$ の近傍フィルター $\mathcal{N}(p)$ が点 $p$ に収束すること，すなわち $\mathcal{N}(p) \to p$ であることは，フィルターの収束の定義から明らかです．このことを念頭において，次の定理を見てください．

　　**定理**　（a）位相空間 $X$ が $\mathrm{T}_1$ 分離公理をみたすための必要十分条件は，各点 $p$ の近傍フィルター $\mathcal{N}(p)$ が $p$ と異なる点には収束しないことであ

る．

(b) 位相空間 $X$ がハウスドルフ空間であるための必要十分条件は，点 $p$ に収束するどんなフィルターも，$p$ と異なる点には収束しないことである．

このうち(a)はフィルターの収束の定義から明らかでしょう．(b)を証明します．まずハウスドルフ空間では $p \neq q$ のとき $p$ の近傍 $U$ と $q$ の近傍 $V$ を $U \cap V = \emptyset$ となるようにとれます．ということは，$\mathcal{N}(p)$ と $\mathcal{N}(q)$ の両方を含んで，なおかつふたつのメンバーの共通部分をとる操作のもとで閉じている集合族は，必然的に空集合を含むことになります．したがって，$\mathcal{N}(p)$ と $\mathcal{N}(q)$ の両方を含むフィルターは存在せず，$p$ に収束するフィルターは $q$ に収束しないことになるわけです．ですから(b)の条件は $X$ がハウスドルフ空間であるための必要条件です．

次に，$X$ がハウスドルフ空間でなかった場合，点 $p$ と $q$ を，$p \neq q$ かつ，$p$ の任意の近傍 $U$ と $q$ の任意の近傍 $V$ について $U \cap V \neq \emptyset$ となるようにとれます．そういう2点 $p$ と $q$ について，$X$ の部分集合族 $\mathcal{F}$ を，

　　　$A \in \mathcal{F} \Longleftrightarrow$ ある $U \in \mathcal{N}(p)$, $V \in \mathcal{N}(q)$ について $U \cap V \subset A$

と定義しましょう．$U \cap V$ が空にならないことから，このとき空集合は $\mathcal{F}$ に属さず，フィルターの条件(1)から(4)までを $\mathcal{F}$ がみたします．こうして得られたフィルター $\mathcal{F}$ が $p$ と $q$ の両方に収束することは，フィルターの収束の定義から明らかです．ハウスドルフ空間でない位相空間ではそのようなフィルターが作れるのですから，(b)の条件はハウスドルフ空間であるための十分条件でもあるわけです．

点列 $x_1, x_2, \cdots$ が点 $p$ に収束するときに

　　　$p = \lim_{n \to \infty} x_n$

という書き方がされます．この記法が使えるためには，右辺が表す点が一意的に定まっている必要がありますが，そのことは，一般の位相空間では必ずしも保証されません．極端な話，たとえば密着位相空間では，どんな点列もすべての点に収束するわけです．収束する点列や収束するフィルターの極限がただひとつに定

まるためには，空間が $T_2$ 分離公理をみたさなければならないのです．

# 3 分離公理：正則空間と正規空間

距離空間のようにわたくしたちの直観に親しい空間では，点どうしの分離だけでなく，点と閉集合の分離や，閉集合どうしの分離が成立します．そのことも，分離公理として定式化されます．

**$T_3$ 分離公理**　閉集合 $A$ と点 $x$ があって，$x \notin A$ であるとき，開集合 $U$ と $V$ を，
$$A \subset U, \quad x \in V, \quad U \cap V = \emptyset$$
となるようにとれる（図5）.

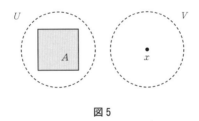

図5

**$T_4$ 分離公理**　閉集合 $A, B$ があって，$A \cap B = \emptyset$ であるとき，開集合 $U$ と $V$ を，
$$A \subset U, \quad B \subset V, \quad U \cap V = \emptyset$$
となるようにとれる（図6）.

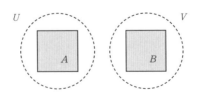

図6

このように図解してみると，分離公理は $T_0$ から $T_4$ まで，番号が大きくなるほど強くなっているように見えます．ところが，話はそれほど単純ではありません．$T_0$ から $T_2$ まではたしかにこの順に強くなるのですが，$T_3$ が $T_2$ を導かないのです．これは，一般の位相空間では点が閉集合とは限らない，という理由によります．同じ理由で $T_4$ が $T_2$ や $T_3$ を導く保証もないので，通常の場合 $T_3$ や $T_4$ は $T_1$ と一緒に用いられます．

**定義**　$T_1$ 分離公理と $T_3$ 分離公理をみたす位相空間を **正則空間** という．$T_1$ 分離公理と $T_4$ 分離公理をみたす位相空間を **正規空間** という．

このように定めることで，
　　正規 $\Longrightarrow$ 正則 $\Longrightarrow$ ハウスドルフ $\Longrightarrow T_1 \Longrightarrow T_0$
という強弱の順序がついてくれます．

**定理**　距離空間は正規空間である．

距離空間 $(X, \rho)$ が与えられたとします．$X$ が $T_2$ 分離公理をみたすことはすでに確認ずみですので，$T_4$ 分離公理を確かめましょう．$X$ のふたつの閉集合 $A$ と $B$ があって，このふたつに共通の要素がなかったとします．$a \in A$ のとき $a \notin B$ なので，ある正の数 $\varepsilon_a$ を $U_\rho(a, \varepsilon_a) \cap B = \emptyset$ となるようにとれます．同様に $b \in B$ のとき $b \notin A$ なので，ある正の数 $\eta_b$ を $U_\rho(b, \eta_b) \cap A = \emptyset$ となるようにとれます．この状況で

$$U = \bigcup_{a \in A} U_\rho\left(a, \frac{\varepsilon_a}{2}\right), \qquad V = \bigcup_{b \in B} U_\rho\left(b, \frac{\eta_b}{2}\right)$$

と $U$ と $V$ を定めましょう．$U$ も $V$ も開集合で，$A \subset U$，$B \subset V$ となっています．もしも $U$ と $V$ に共通の要素 $x$ があるなら，$A$ の要素 $a$ と $B$ の要素 $b$ を $x \in U_\rho(a, \varepsilon_a/2) \cap U_\rho(b, \eta_b/2)$ となるようにとれます．このとき，

$$\rho(a, b) \leq \rho(a, x) + \rho(x, b) < \frac{\varepsilon_a}{2} + \frac{\eta_b}{2} \leq \max\{\varepsilon_a, \eta_b\}$$

ですから，たとえば $\varepsilon_a \leq \eta_b$ だった場合，$a \in U_\rho(b, \eta_b) \cap A$ となって $\eta_b$ の選び方に

矛盾するわけです. $\eta_b < \varepsilon_a$ の場合も同様に矛盾します. ですから $U$ と $V$ に共通の要素は存在しません. こうして $X$ が $\mathrm{T}_4$ 分離公理をみたすことが示されました.

ゾルゲンフライ直線 $\mathbb{S}$ は距離空間にはなりませんが, $\mathbb{S}$ が正規空間であることは, 距離空間の場合と同様の方法で示されます.

## 演習 2

ゾルゲンフライ直線 $\mathbb{S}$ が正規空間であることを証明せよ.

正則空間でないハウスドルフ空間の例を以下に示します. また, 正規空間でない正則空間の例については, 少々準備が必要なので, のちに正規空間の特質について詳しく論じるときに, 改めて示すことにします.

**例 4** 第 5 章の演習 3 (77 ページ) で例にあげた空間 $X$ は, ハウスドルフ空間であるが, 正則空間でない.

ここでの空間 $X$ は, 集合としては実数全体の集合 $\mathbb{R}$ ですが, 位相の入れ方が通常の数直線と違います. 番号 $n = 1, 2, \cdots$ に対して, $x$ が有理数なら $B_n(x) = \{x\}$ とし, $x$ が無理数なら左右 $\pm 1/n$ の範囲の有理数を含めて $B_n(x) = \{x\} \cup ((x-1/n, x+1/n) \cap \mathbb{Q})$ とします. そして, $\{B_1(x), B_2(x), \cdots\}$ を点 $x$ の基本近傍系として位相を入れます.

空間 $X$ の相異なる 2 点 $x$ と $y$ に対して, 番号 $n$ を $1/n \leq |x-y|/2$ となるようにとったとすると, $x$ や $y$ が有理数であれ無理数であれ $B_n(x) \cap B_n(y) = \emptyset$ となります. ですからこの空間 $X$ は $\mathrm{T}_2$ 分離公理をみたし, ハウスドルフ空間となります.

いっぽう, この $X$ が $\mathrm{T}_3$ 分離公理をみたさないことは次のようにして確かめられます. 無理数をひとつ, たとえば $\sqrt{2}$ をとり, それ以外の無理数からなる集合 $A = \mathbb{R} \backslash (\mathbb{Q} \cup \{\sqrt{2}\})$ を考えます. $A$ は無理数ばかりからなるため, $x \notin A$ であれ

ば，$B_n(x) \cap A = \emptyset$ となります．したがって，$A$ は $X$ の閉集合です．また，定義から $\sqrt{2} \notin A$ です．$A$ を含む開集合 $U$ と $\sqrt{2}$ を含む開集合 $V$ が与えられたとします．$B_n(\sqrt{2})$ の全体が $\sqrt{2}$ の基本近傍系をなすので，番号 $n$ を $B_n(\sqrt{2}) \subset V$ となるようにとれます．そのような番号 $n$ をひとつ固定します．$\sqrt{2} + \dfrac{1}{2n}$ は $A$ に属するので，番号 $m$ を $B_m\left(\sqrt{2} + \dfrac{1}{2n}\right) \subset U$ となるようにとりましょう．正の数 $r$ を $r \le \dfrac{1}{2n}$，$r \le \dfrac{1}{m}$ となるようにとり，$\sqrt{2} + \dfrac{1}{2n} < q < \sqrt{2} + \dfrac{1}{2n} + r$ となるように有理数 $q$ をとれば $q \in B_n(\sqrt{2}) \cap B_m\left(\sqrt{2} + \dfrac{1}{2n}\right)$，したがって $q \in U \cap V$ となり，$U$ と $V$ は共通の要素をもちます．いま $U$ と $V$ はそれぞれ閉集合 $A$ と点 $\sqrt{2}$ を含む任意の開集合ですから，$X$ は $T_3$ 分離公理をみたさないのです．

# 4 直積による空間の構成と分離公理

平面をふたつの実数のペア全体の集合 $\mathbb{R}^2 = \{(x,y) \mid x,y \in \mathbb{R}\}$ で表したように，既存の集合の要素のペア全体の集合を作る操作がしばしば有用です．いま集合 $A$ の要素 $a$ と集合 $B$ の要素 $b$ にペアを組ませて**順序対** $(a,b)$ を作り，$a \in A$ と $b \in B$ のすべての組合せにわたってこれを集めたものを，$A$ と $B$ の**直積集合** $A \times B$ とよびます．

たとえば $A = \{0,1,2\}$，$B = \{a,b\}$ の場合，

$A \times B = \{(0,a),(0,b),(1,a),(1,b),(2,a),(2,b)\}$

というわけです．

新しい位相空間を構成する手段のひとつとして，既存のふたつの位相空間 $X$ と $Y$ の直積 $X \times Y$ に，しかるべき位相を定めることを考えます．新しい空間 $X \times Y$ の点とは $X$ の点 $x$ と $Y$ の点 $y$ のペア $(x,y)$ です．$X$ における $x$ の近傍 $U$ と $Y$ における $y$ の近傍 $V$ の直積集合 $U \times V$ を，$X \times Y$ における点 $(x,y)$ の代表的近傍として採用し，この形の集合を含むような集合 $A \subset X \times Y$ の全体を $X \times Y$ における $(x,y)$ の近傍フィルター $\mathcal{N}_{X \times Y}((x,y))$ と定めます（次ページ図7）．

このように定めた $X \times Y$ の位相を，**直積位相**といい，直積位相によって位相空間となった $X \times Y$ を**直積空間**といいます．

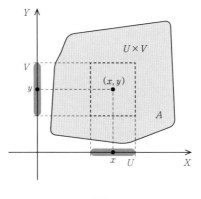

図 7

たとえばユークリッド平面 $\mathbb{R}^2$ の通常の位相は，実数直線 $\mathbb{R}^1$ の直積 $\mathbb{R}^1 \times \mathbb{R}^1$ における直積位相と一致します．同様に，直積空間 $\mathbb{R}^m \times \mathbb{R}^n$ は，$((x_1, \cdots, x_m), (y_1, \cdots, y_n))$ と $(x_1, \cdots, x_m, y_1, \cdots, y_n)$ との自然な対応を介して $\mathbb{R}^{m+n}$ と同相になってくれます．しばしばドーナツ形として視覚化される 2 次元トーラス $T^2$ も，円周 $S^1$ の直積 $S^1 \times S^1$ （と同相）であるという見方がしばしば有用です（図 8）．

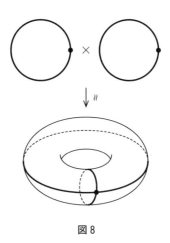

図 8

さて，このように構成した直積空間 $X \times Y$ が，因子である $X$ と $Y$ の性質をどの程度引き継ぐかを考えるというのは，位相空間論でのひとつの重要な問題の立

てかたです．ここではひとまず，$T_0$ から $T_3$ までの分離公理について，それが直積に引き継がれることを見てみます．

**定理**　$i = 0, 1, 2, 3$ とする．空間 $X$ と $Y$ がいずれも $T_i$ 分離公理をみたすならば，直積空間 $X \times Y$ も $T_i$ 分離公理をみたす．

ここでは $T_3$ 分離公理の場合に限って証明を与えることにします．直積空間 $X \times Y$ の閉集合 $A$ と，それに属しない点 $(x, y)$ が与えられたとします．閉集合の定義と直積位相の定義から，$X$ における開集合 $U$ と $Y$ における開集合 $V$ をとって，$x \in U$, $y \in V$, $A \cap (U \times V) = \emptyset$ とできます．$X$ が $T_3$ 分離公理をみたすので，閉集合 $X \setminus U$ と点 $x$ は交わらない開集合のペアで分離できて，$X \setminus U \subset U_1$, $x \in U_2$, $U_1 \cap U_2 = \emptyset$ となるように開集合 $U_1, U_2$ をとれます．同様に $Y$ においても開集合 $V_1$ と $V_2$ を $Y \setminus V \subset V_1$, $y \in V_2$, $V_1 \cap V_2 = \emptyset$ となるようにとれます．そこで $X \times Y$ に戻って，$W_1 = (U_1 \times Y) \cup (X \times V_1)$, $W_2 = U_2 \times V_2$ としましょう．$W_1$ と $W_2$ は直積位相の開集合で，$A \subset W_1$, $(x, y) \in W_2$, $W_1 \cap W_2 = \emptyset$ となります．これで $X \times Y$ が $T_3$ 分離公理をみたすことが確かめられました．

**演習 3**

定理の $i = 2$ の場合，すなわち，ハウスドルフ空間の直積がハウスドルフ空間になることを示せ．

では $T_4$ 分離公理はどうなのかというと，面白いことに，これが直積で保たれないことがわかっているのです．正規空間のふるまいには，直積で保たれないことや部分空間に引き継がれないことなど，謎めいた部分が多く，それだけに位相空間論の重要な研究対象になっています．こうして，わたくしたちの探求も，少しずつディープな世界に入り込もうとしています．

# 演習

本章例3（86ページ）の主張を確かめよ.

　念のために再掲しますと, $X$ を任意の無限集合とし, $X$ の閉集合とは, 有限部分集合または $X$ 全体だけである, と定めます. この位相を"補有限位相"といいます. 補有限位相のもとで $X$ はハウスドルフ空間でない $T_1$ 空間ということになります. このことを確かめよ, というのです.

　まず $T_1$ 空間であることを確かめます. $x$ と $y$ は $X$ の要素で, $x \neq y$ であったとします. すると $x \in X \setminus \{y\}$ であり $y \in X \setminus \{x\}$ です. そして, $X \setminus \{y\}$ の補集合 $\{y\}$ は有限だから補有限位相の閉集合, したがって $X \setminus \{y\}$ は補有限位相の開集合で, $y$ を要素にもたない $x$ の近傍になっています. 同様に, $X \setminus \{x\}$ は $x$ を要素にもたない $y$ の近傍になっています. このような近傍が $x$ と $y$ の双方にとれるので, この空間は $T_1$ 分離公理をみたしています.

　次に $X$ がハウスドルフ空間でないこと, すなわち $T_2$ 分離公理をみたさないことを確かめます. ここで $X$ が無限集合であることを使います. $A$ と $B$ を $X$ の有限な部分集合としましょう. すると $A \cup B$ も有限集合です. $X$ が無限集合なので, $X \setminus (A \cup B)$ は空ではありません. ところが $X \setminus (A \cup B) = (X \setminus A) \cap (X \setminus B)$ なので $X \setminus A$ と $X \setminus B$ は共通の要素をもつわけです. このことは補集合が有限であるような $X$ のふたつの部分集合がかならず空でない交わりをもつことを意味します. ということは, 補有限位相の空でないふたつの開集合はかならず空でない交わりをもちます. $X$ のどの2点も, 互いに交わりのない近傍をもつことはないのです. したがって, $X$ は補有限位相のもとで $T_2$ 分離公理をみたしません.

## 演習 2

ゾルゲンフライ直線 $\mathbb{S}$ が正規空間であることを証明せよ.

$\mathbb{S}$ の閉集合 $A$ と $B$ が共通の要素をもたなかったとしましょう. いま $a \in A$ ならば $a \notin B$ であり, $B$ は閉集合なので, $a$ は $B$ と交わらない近傍をもちます. つまり, ある正の数 $\varepsilon_a$ を $(a-\varepsilon_a, a] \cap B = \emptyset$ となるようにとれます. 同様に, $b \in B$ のとき, 正の数 $\eta_b$ を $(b-\eta_b, b] \cap A = \emptyset$ となるようにとれます. ここで, $a \in A$ かつ $b \in B$ のときふたつの半開区間 $(a-\varepsilon_a, a]$ と $(b-\eta_b, b]$ とに共通の要素はありません. なぜなら, たとえば $a < b$ だったとして, $(a-\varepsilon_a, a]$ と $(b-\eta_b, b]$ に共通の要素 $x$ があったと仮定すると, $b-\eta_b < x \leq a < b$ となって $a$ が半開区間 $(b-\eta_b, b]$ に属することになりますが, $a$ は $A$ の要素なので, これは正の数 $\eta_b$ の選び方と矛盾することになります. $b < a$ の場合も同様に矛盾が出るので, ふたつの半開区間に共通の要素は存在しえないのです. 閉集合 $A$ の要素 $a$ と $B$ の要素 $b$ をどのように選んでも $(a-\varepsilon_a, a] \cap (b-\eta_b, b] = \emptyset$ となるので, いま集合 $U$ と $V$ を

$$U = \bigcup_{a \in A} (a-\varepsilon_a, a], \quad V = \bigcup_{b \in B} (b-\eta_b, b]$$

と定めると, $U \cap V = \emptyset$ となります. $U$ も $V$ も左半開区間の和集合なので, それらがゾルゲンフライ直線の開集合であることは明らかです. また $A \subset U$, $B \subset V$ となることも明らかでしょう. こうして, ゾルゲンフライ直線 $\mathbb{S}$ は $T_4$ 分離公理をみたします. また $\mathbb{S}$ が $T_2$ 分離公理をみたすことも, たとえば $a < b$ ならば $(a-1, a] \cap (a, b] = \emptyset$ と, 交わりのない左半開区間で分離できることからわかります.

## 演習 3

ふたつのハウスドルフ空間の直積がハウスドルフ空間になることを示せ.

ふたつのハウスドルフ空間 $X$ と $Y$ があったとして，直積空間 $X \times Y$ を考えます．この空間から 2 点 $p = (x_p, y_p)$ と $q = (x_q, y_q)$ をとります．ここで $p \neq q$ だとして，$p$ の近傍 $U$ と $q$ の近傍 $V$ を交わりがない（$U \cap V = \emptyset$ となる）ようにとれることを示すことが求められているのです．

　いま $p \neq q$ なので，$x_p \neq x_q$ か $y_p \neq y_q$ の少なくとも一方は成立します．もしも $x_p \neq x_q$ だったなら，$X$ がハウスドルフ空間であることから，$x_p$ の近傍 $U_X$ と，$x_q$ の近傍 $V_X$ を $U_X \cap V_X = \emptyset$ となるようにとれます．そこで $X \times Y$ の部分集合 $U$ と $V$ を $U = U_X \times Y$，$V = V_X \times Y$ と定めれば，$U$ は $p$ の，$V$ は $q$ の，それぞれ直積位相に関する近傍となり，

$$
\begin{aligned}
U \cap V &= (U_X \times Y) \cap (V_X \times Y) \\
&= (U_X \cap V_X) \times Y \\
&= \emptyset \times Y \\
&= \emptyset
\end{aligned}
$$

なので，$U$ と $V$ は互いに交わりがありません．$y_p \neq y_q$ の場合も議論は同様で，$y_p$ の近傍 $U_Y$ と $y_q$ の近傍 $V_Y$ を互いに交わりのないようにとって，$U = X \times U_Y$，$V = X \times V_Y$ とすればよいのです．このように $p \neq q$ のときは必ず $p$ の近傍 $U$ と $q$ の近傍 $V$ を交わりのないようにとれるので，$X \times Y$ は $T_2$ 分離公理をみたします．

### ●無限個の空間の直積について

　集合の直積や位相空間の直積は，無限個の因子をもつものに拡張できます．集合 $\Lambda$ に添字づけされた集合の集まり $\{X_\lambda | \lambda \in \Lambda\}$ が与えられているとき，各添字 $\lambda$ ごとに $X_\lambda$ の要素 $x_\lambda$ をひとつ選んで並べた要素の並び $(x_\lambda | \lambda \in \Lambda)$ を考えることができます．この形の要素の並び $(x_\lambda | \lambda \in \Lambda)$ 全体のなす集合を，集合の集まり $\{X_\lambda | \lambda \in \Lambda\}$ の直積集合といって $\prod_{\lambda \in \Lambda} X_\lambda$ で表します．

　ここで，集合の集まり $\{X_\lambda | \lambda \in \Lambda\}$ の正体は，$\lambda$ に集合 $X_\lambda$ を対応させる写像にほかなりませんし，要素の並び $(x_\lambda | \lambda \in \Lambda)$ とは各添字 $\lambda$ ごとに $X_\lambda$ の要素 $x_\lambda$ を選んで対応させる選択関数 $\boldsymbol{x} : \Lambda \to \bigcup_{\lambda \in \Lambda} X_\lambda ; \lambda \mapsto x_\lambda$ のことなのですが，ふたつの要素の並びである順序対 $(x, y)$ との類似を強調する意味で，ここではあえて，古典的な表示法を採用しています．

　さて，各 $X_\lambda$ が位相空間であった場合に直積集合 $\prod_{\lambda \in \Lambda} X_\lambda$ にも位相を定めて位相

空間と考えたいわけです．（チコノフによる）直積位相の定義では，$\prod_{\lambda \in \Lambda} X_\lambda$ の要素 $(x_\lambda | \lambda \in \Lambda)$ の近傍を指定するためには，有限個の添字 $\lambda_i (1 \leq i \leq n)$ に対する成分 $x_{\lambda_i}$ の，$X_{\lambda_i}$ における近傍を指定します．$X_{\lambda_1}, \cdots, X_{\lambda_n}$ のそれぞれで点 $x_{\lambda_1}, \cdots, x_{\lambda_n}$ の近傍 $U_{\lambda_1}, \cdots, U_{\lambda_n}$ をとって，$\prod_{\lambda \in \Lambda} X_\lambda$ の部分集合

$$\{(y_\lambda | \lambda \in \Lambda) \,|\, y_{\lambda_i} \in U_{\lambda_i} (1 \leq i \leq n)\}$$

を作れば，それが $(x_\lambda | \lambda \in \Lambda)$ の典型的な近傍となる，というわけです．

　分離公理 $T_0$ から $T_3$ までは，このように因子が無限個の場合にまで拡張された直積においても保たれます．すなわち，$i = 0, 1, 2, 3$ については，すべての $X_\lambda$ が $T_i$ 分離公理をみたせば，直積空間 $\prod_{\lambda \in \Lambda} X_\lambda$ も $T_i$ 分離公理をみたすのです．その証明も，記号が少し込みいってくるだけで，これまでに述べた議論と，本質は変わりません．

　位相空間のどのような性質が，どの程度まで直積において保たれるか，というのは，位相空間論において大切な問題の立てかたです．たとえば第 1 可算空間の可算個の直積は第 1 可算だけれども一般にはダメ，とか，可分空間の連続体濃度以下の個数の直積は可分だけれども一般にはダメ，といったことがわかっています．本書でもこの先，何度かこの論点に立ち返ることになりますので，どうかぜひこの直積位相の定義をよく読み込み，手を動かしていろいろ遊んでみてください．

第7章

# 離れていることと つながっていること

## ▌ 離れた集合と連結集合

　位相空間 $X$ に部分集合 $A$ と $B$ があって，$A$ の各点は $B$ と交わりのない近傍を
もち，$B$ の各点は $A$ と交わりのない近傍をもつ，という状況になっているとき，
ふたつの部分集合 $A$ と $B$ が**離れている**ということにしましょう．これは式であ
らわすと

$$A \cap \mathrm{Cl}(B) = \mathrm{Cl}(A) \cap B = \emptyset$$

ということになります．たとえば数直線 $\mathbb{R}^1$ において，開いた左半直線 $(-\infty, 0)$
を $A$ とし開いた右半直線 $(0, +\infty)$ を $B$ としましょう．このふたつの集合は離れ
ています．というのも，$\mathrm{Cl}(A) = (-\infty, 0]$ で，これが $B$ と共通要素をもたず，
$\mathrm{Cl}(B) = [0, +\infty)$ で，これが $A$ と共通要素をもたないからです．

　次に，閉じた左半直線 $(-\infty, 0]$ を $A$ とし，開いた右半直線 $(0, +\infty)$ としま
しょう．このとき $A$ と $B$ に共通の要素はありませんが，$\mathrm{Cl}(B) = [0, +\infty)$ なの
で $A$ と $\mathrm{Cl}(B)$ が共通の要素 $0$ をもちます．ですから $A$ と $B$ は離れていません．
また，有理数全体 $\mathbb{Q}$ と無理数全体 $\mathbb{R}\backslash\mathbb{Q}$ も離れていません．どの点の近傍もある

開区間を含み，開区間は有理数と無理数の両方を含むからです．「離れている／いない」は単に交わりをもつかもたないかということではないのです．また，最初の開いた半直線の例からわかるとおり，ふたつの部分集合が距離的に離れているということでもありません．

距離空間においては，ふたつの部分集合 $A$ と $B$ とが離れているためには，両者を分離する開集合のペア

$$U \supset A, \qquad V \supset B, \qquad U \cap V = \emptyset$$

が存在することが必要かつ十分です．このことは，距離空間が正規空間であることを示した第 6 章の論法で証明できます．いっぽう，一般の位相空間では，離れているふたつの集合が開集合のペアで分離できる保証はありません．たとえばの話，交わりのないふたつの閉部分集合はたしかに離れていますが，それらがいつでも開集合のペアで分離できるためには，空間が $T_4$ 分離公理をみたしている必要があるわけです．

**定義** 位相空間 $X$ の部分集合 $E$ が，ふたつの空でない離れた部分集合の和になっているとき，$E$ は**不連結な集合**であるという．不連結でない部分集合のことを**連結な集合**とよぶ．

ですから，部分集合 $E$ が連結であるというのは

$$A \neq \emptyset, \qquad B \neq \emptyset,$$
$$A \cap \mathrm{Cl}(B) = \mathrm{Cl}(A) \cap B = \emptyset,$$
$$E = A \cup B$$

をみたす集合 $A$ と $B$ が存在しないことです．

空間全体が連結であることには，簡明な必要十分条件があります．

いま，空間 $X$ が $X$ 自身の部分集合とみて不連結な集合だったとしましょう．すると，

$$A \neq \emptyset, \qquad B \neq \emptyset,$$
$$A \cap \mathrm{Cl}(B) = \mathrm{Cl}(A) \cap B = \emptyset,$$
$$X = A \cup B$$

をみたす部分集合 $A$ と $B$ が存在します．このとき $A$ と $B$ はお互いの補集合に

なっています. また, $A \cap \mathrm{Cl}(B) = \emptyset$ なので $A$ は $B$ の閉包の補集合でもあります. このことは, $A$ が開集合, $B$ が閉集合であることを意味します. 同様に, $\mathrm{Cl}(A) \cap B = \emptyset$ であることから, $B$ が開集合, $A$ が閉集合になっています. こうして, 不連結な空間 $X$ はふたつの空でない開かつ閉な部分集合 $A$ と $B$ へと分割されてしまいます. 逆に, 空間 $X$ に空集合でも $X$ 全体でもない開かつ閉な部分集合 $A$ があれば, ふたつの交わりのない閉集合のペアが離れていることは明らかですから, $X$ は $A$ とその補集合 $X \setminus A$ というふたつの離れた集合の和集合になっていることになります. こうして次のことがわかります.

**定理**　位相空間 $X$ が連結であるためには, $X$ における開かつ閉な部分集合が空集合と $X$ 全体に限られることが, 必要かつ十分である.

どんな位相空間でも, 空集合と空間全体は開集合であり同時に閉集合でもあるのですが, それ以外に開かつ閉な集合が存在しないというのが, 空間の連結性の同値な言いかえになっているのです.

**演習 I**

> ゾルゲンフライ直線 $\mathbb{S}$ において, 半開区間 $(\alpha, \beta]$ が開かつ閉集合であることを示せ. 次に $\mathbb{S}$ が不連結な空間であることを証明せよ.

## 2 連結集合の性質

位相空間の連結な集合の性質を, いくつかの補題として提示して, 順に証明していきます.

**補題 I**　位相空間 $X$ のふたつの離れた部分集合 $A$ と $B$ を考える. もしも $E$ が $X$ の連結な部分集合で, $E \subset A \cup B$ となっているならば, $E \subset A$ または

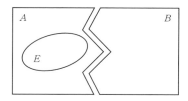

$E \subset B$ のどちらか一方が成立する.

これを証明しましょう. $A$ と $B$ が離れているというのは $A \cap \mathrm{Cl}(B) = \emptyset$ かつ $\mathrm{Cl}(A) \cap B = \emptyset$ ということでした. もしも $E \subset A \cup B$ であれば,

$$(E \cap A) \cap \mathrm{Cl}(E \cap B) \subset A \cap \mathrm{Cl}(B) = \emptyset,$$
$$\mathrm{Cl}(E \cap A) \cap (E \cap B) \subset \mathrm{Cl}(A) \cap B = \emptyset,$$
$$E = (E \cap A) \cup (E \cap B)$$

となります. つまりふたつの集合 $E \cap A$ と $E \cap B$ は離れていて, $E$ はそれらの和集合になっています. いま $E$ は連結集合なので, このとき $E \cap A$ か $E \cap B$ のどちらかが空集合でなければなりません. もしも $E \cap A$ が空集合なら $E \subset B$ ですし, $E \cap B$ が空集合なら $E \subset A$ となります. このどちらかが成立する, それが示したかったことでした.

**補題 2**　位相空間 $X$ のふたつの連結な部分集合 $E_0$ と $E_1$ が共通の要素をもてば, 和集合 $E_0 \cup E_1$ も連結である.

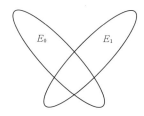

これを証明するために $E_0 \cup E_1$ がふたつの離れた集合 $A$ と $B$ の和集合になったとします:

$$E_0 \cup E_1 = A \cup B,$$
$$A \cap \mathrm{Cl}(B) = \mathrm{Cl}(A) \cap B = \emptyset$$

集合 $E_0$ は連結なので，このとき補題1により，$E_0 \subset A$ または $E_0 \subset B$ のどちらかが成立します．また $E_1$ についても同様に $E_1 \subset A$ または $E_1 \subset B$ のどちらかが成立します．ここで，仮定により $E_0$ と $E_1$ に共通の要素 $p$ が存在します．この $p$ は $A$ または $B$ のどちらかに属しますが，$A$ と $B$ は離れていて交わりがないので，$p$ が属するのは $A$ または $B$ のどちらか一方です．もしも $p$ が $A$ に属するなら $E_0$ も $E_1$ も $A$ に含まれ $B$ は空集合になります．$p$ が $B$ に属するなら $E_0$ も $E_1$ も $B$ に含まれ $A$ が空集合になります．こうして，$E_0 \cup E_1$ をふたつの空でない離れた部分集合に分けることができないことが示されたので，$E_0 \cup E_1$ は連結です．

**補題 3**　位相空間 $X$ の任意の2点 $p$ と $q$ に対して $p$ と $q$ の両方を要素にもつ連結部分集合 $E_{pq}$ が存在するなら，$X$ は連結である．

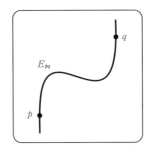

　もしも $X$ がふたつの離れた部分集合 $A$ と $B$ の和になるとしたら，補題1により，連結集合 $E_{pq}$ は $A$ か $B$ のどちらか一方に含まれます．そこで点 $p$ のほうを固定しておいて $q$ を空間 $X$ 全体にわたって動かせば，集合 $A$ と $B$ のうち固定された点 $p$ の属するほうに，他のすべての点 $q$ も属することになります．したがって $A$ と $B$ の一方が $X$ 全体，他方が空集合になります．すなわち $X$ をふたつの空でない離れた集合に分けることはできません．したがって $X$ は連結です．

　**補題 4**　位相空間 $X$ の部分集合 $E$ が連結ならば閉包 $\mathrm{Cl}(E)$ も連結である．

　閉包 $\mathrm{Cl}(E)$ がふたつの離れた部分集合 $A$ と $B$ の和集合になったとします．このとき，補題 1 により連結集合 $E$ は $A$ または $B$ のどちらかに含まれることになります．仮に $E \subset A$ だったとします．すると $\mathrm{Cl}(E) \subset \mathrm{Cl}(A)$ であることと $\mathrm{Cl}(A) \cap B = \emptyset$ であることから，$\mathrm{Cl}(E) \cap B = \emptyset$．したがって $\mathrm{Cl}(E) \subset A$ であり $B = \emptyset$ となります．このように，$\mathrm{Cl}(E)$ はふたつの空でない部分集合に分けられないのです．

　この論法によれば，$E$ が連結集合のとき $E \subset C \subset \mathrm{Cl}(E)$ をみたす任意の集合 $C$ が連結集合になるとわかります.

**補題 5**　位相空間 $X$ から位相空間 $Y$ への連続写像 $f\colon X \to Y$ を考える．$E$ を $X$ の連結部分集合とするとき，$f$ による $E$ の像 $f(E)$ は $Y$ の連結部分集合である．

　像 $f(E)$ がふたつの離れた部分集合 $A$ と $B$ の和集合になったとします：
$$f(E) = A \cup B, \quad A \cap \mathrm{Cl}_Y(B) = \mathrm{Cl}_Y(A) \cap B = \emptyset$$
すると逆像の性質から
$$E \subset f^{-1}(A) \cup f^{-1}(B)$$
となっています．いま $f$ の連続性により
$$\mathrm{Cl}_X(f^{-1}(B)) \subset f^{-1}(\mathrm{Cl}_Y(B))$$
なので
$$f^{-1}(A) \cap \mathrm{Cl}_X(f^{-1}(B)) \subset f^{-1}(A) \cap f^{-1}(\mathrm{Cl}_Y(B))$$
$$= f^{-1}(A \cap \mathrm{Cl}_Y(B))$$
$$= f^{-1}(\emptyset) = \emptyset$$
であり，同様にして $\mathrm{Cl}_X(f^{-1}(A)) \cap f^{-1}(B) = \emptyset$ も言えます．つまり $f^{-1}(A)$ と $f^{-1}(B)$ は $X$ のふたつの離れた部分集合なのです．いま集合 $E$ は連結なので，補題 1 により $E \subset f^{-1}(A)$ または $E \subset f^{-1}(B)$ が成立します．もしも $E \subset f^{-1}(A)$ なら $f(E) \subset A$ で $B$ が空集合，$E \subset f^{-1}(B)$ なら $f(E) \subset B$ で $A$ が空集合になります．こうして $f(E)$ がふたつの空でない離れた部分集合に分けられないことがわかりました．したがって，$f(E)$ は連結集合です．

補題5により，連結空間に同相な空間はそれ自身が連結空間であることがわかります．連結空間であるという性質は同相写像によって保たれる性質，すなわち位相不変な性質です．

# 3 数直線の連結性

連結な位相空間のいちばん大切な例はなんといっても実数直線 $\mathbb{R}^1$ です．

**定理**　実数直線 $\mathbb{R}^1$ は連結である．

直線がふたつの空でない部分集合 $A$ と $B$ の和になったとします：

$$A \neq \emptyset, \qquad B \neq \emptyset, \qquad \mathbb{R} = A \cup B, \qquad A \cap B = \emptyset.$$

このとき $A$ と $B$ が離れていないこと，すなわち $A \cap \mathrm{Cl}(B)$ か $\mathrm{Cl}(A) \cap B$ の少なくとも一方が空でないことを示します．$a \in A$, $b \in B$ と要素 $a$ と $b$ をとりましょう．$a < b$ または $b < a$ となりますが，どちらの場合も同じようなものですので，以下 $a < b$ であったとします．共通部分 $[a, b] \cap A$ の最小上界を $c$ とします：

$$c = \sup([a, b] \cap A).$$

このとき $c \in \mathrm{Cl}(A)$ です．というのは，$c$ は $[a, b] \cap A$ の最小の上界なので，$c$ よりほんのちょっとでも小さな実数 $c - \varepsilon$ を考えると，$c - \varepsilon$ はもはや $[a, b] \cap A$ の上界でないので $c - \varepsilon < x \leq c$ をみたす $A$ の要素 $x$ が存在します．つまり $c$ の $\varepsilon$-近傍は必ず $A$ の要素を含むわけです．それが $c \in \mathrm{Cl}(A)$ ということです．また $c \in \mathrm{Cl}(B)$ でもあります．というのも，$c$ は $[a, b] \cap A$ の上界だから，それより大きい $c + \varepsilon$ はもはや $[a, b] \cap A$ に属しません．$c + \varepsilon > b$ であるか，$c + \varepsilon \notin A$ であるかです．そうするといずれにせよ $c + \varepsilon$ またはそれよりも $c$ に近いところに $B$ の要素があるわけで，$c$ のいくらでも近くに $B$ の要素があることになります．それが $c \in \mathrm{Cl}(B)$ ということです．こうして $c$ は $\mathrm{Cl}(A)$ にも $\mathrm{Cl}(B)$ にも属することになりました．いっぽう $\mathbb{R} = A \cup B$ なので $c$ も $A$ か $B$ のどちらかに属します．$c \in A$ であれば $A \cap \mathrm{Cl}(B) \neq \emptyset$ であり，$c \in B$ なら $\mathrm{Cl}(A) \cap B \neq \emptyset$ で，いずれにせよ $A$ と $B$ は離れていないことになります．これが示すべきことでした．

この論法は，任意の区間や半直線が連結集合であることの証明にほとんどその

まま流用できます．とくに閉区間 $[0,1]$ は連結です．$[0,1]$ から位相空間 $X$ への連続写像

$$\varphi\colon [0,1]\to X$$

のことを $X$ 上のひとつの**道**とよび，$\varphi(0)$ を道 $\varphi$ の**始点**，$\varphi(1)$ を道 $\varphi$ の**終点**と言います．道 $\varphi$ の像 $\varphi([0,1])$ は，その始点と終点を含む $X$ の連結部分集合となります．そこで，空間 $X$ の任意の 2 点 $p$ と $q$ について，$p$ を始点 $q$ を終点とする道があれば，補題 3 により，空間 $X$ は連結であることになります．このことを踏まえて次のように定義します．

> **定義**　位相空間 $X$ の部分集合 $E$ が**弧状連結**であるとは，$E$ の任意のふたつの要素 $p$ と $q$ に対して $X$ 上の道 $\varphi\colon [0,1]\to X$ が存在して $\varphi(0)=p$, $\varphi(1)=q$, $\varphi([0,1])\subset E$ となることである．

$q$　$p$

$E$

　ここまでに議論してきたことにより，弧状連結集合が連結であることがわかります．逆は必ずしも成立しません．弧状連結性は連結性によく似たふるまいをして，たとえば補題 2・補題 3・補題 5 については「連結」を「弧状連結」に置き換えたものがそのまま成立しますが，補題 4 に対応する結果は成立せず，弧状連結な集合の閉包はかならずしも弧状連結になりません．ただ，位相幾何学の主な対象である「多様体」とよばれるタイプの位相空間については，連結性と弧状連結性が同値になります．

# 4 中間値の定理

直線全体，それと区間や半直線が実数直線 $\mathbb{R}^1$ の連結な部分集合であることが
わかりました．ほかに $\mathbb{R}^1$ の連結な部分集合があるでしょうか．$\{\alpha\}$ の形の単元
集合は確かに連結集合です．変則的な例ですが，空集合も，空でないふたつの離
れた集合の和にならないので，定義上は連結集合に分類されます．

実数直線 $\mathbb{R}^1$ の連結な部分集合はこれで全部です．それは次の考察からわかり
ます．$A$ が実数直線の2個以上の要素をもつ連結な部分集合であったとして，
$a \in A$, $b \in A$ かつ $a < b$ とふたつの要素をとります．もしも $a < c < b$ をみたす
実数 $c$ で $A$ に属しないものがあれば，$A$ は $A \cap (-\infty, c)$ と $A \cap (c, +\infty)$ という
ふたつの空でない離れた集合の和集合になってしまいますが，それは連結性に矛
盾します．したがって，$a \in A$, $b \in A$, $a < b$ となるように $a$ と $b$ をとったとき，
いつでも $[a, b] \subset A$ で，$a$ と $b$ の間の実数はすべて $A$ に属することになります．
このことから，$A$ は区間または半直線であることがわかるのです．

## 演習 2

前の段落の最後の主張を確かめよ．すなわち $A$ を実数直線の2個以上の
要素をもつ連結な部分集合であったとして，$A$ が直線全体，半直線，区間の
いずれかであることを示せ．（$A$ の下限を $\alpha$, 上限を $\beta$ とすると $A$ は $\alpha$ と $\beta$
の間の実数の全体になる．両端の値 $\alpha$ と $\beta$ が有限か $\pm\infty$ か，また有限だと
したら $A$ に属するかどうかで，結果は $3 \times 3 = 9$ とおりに場合わけされる．）

解析学で用いられる中間値の定理は，この事実に関連しています．これを見る
ために，まず少し一般化された形で中間値の定理を述べましょう．

**定理**　連結な位相空間 $X$ 上の実数値の連続関数 $f : X \to \mathbb{R}$ を考える．いま
$p, q \in X$, $f(p) < f(q)$ だったとすると，$f(p) < c < f(q)$ をみたす任意の
実数 $c$ に対してある点 $t \in X$ が $f(t) = c$ をみたす．

　これは，連結な位相空間 $X$ の連続関数による像 $f(X)$ が補題 5 により $\mathbb{R}$ の連結部分集合であることに注目して，先ほどの考察のとおり $f(p)$ と $f(q)$ の間の実数がすべて $f(X)$ に属する，と言っているにすぎません．いまこの定理で $X$ として実数の閉区間 $[\alpha, \beta]$ をとったとすると，中間値の定理がただちに得られます．

> **中間値の定理**　閉区間 $[\alpha, \beta]$ 上の連続関数 $f\colon [\alpha, \beta] \to \mathbb{R}$ を考える．いま，$\alpha \leqq x < y \leqq \beta$ なる $x$ と $y$ をとり，$f(x) < c < f(y)$ または $f(y) < c < f(x)$ となる実数 $c$ を任意にとったとすると，ある実数 $t$ が存在して $x < t < y$ かつ $f(t) = c$ をみたす．

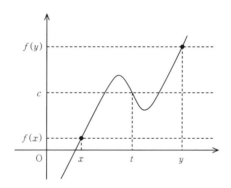

　このように，定義域である区間の連結性こそが，中間値の定理のキモだったわけです．

# 5 連結成分

　空間 $X$ の任意の点 $p$ に対して，$p$ を要素にもつ連結部分集合全体の族を考え，その和集合を $C_p$ としましょう：
$$C_p = \bigcup \{E \subset X \mid p \in E \text{ かつ } E \text{ は連結}\}$$
この $C_p$ が $p$ を要素にもつ最大の連結集合です．$C_p$ のことを空間 $X$ における点 $p$

の**連結成分**とよびます.

## 演習 3

位相空間 $X$ の点 $p$ の連結成分 $C_p$ が連結集合であることを証明せよ.（これには補題 2 の議論をすこし変更して用いる.）

ふたつの異なる連結成分は共通の要素をもちません. というのも連結成分 $C_p$ と $C_q$ が共通の要素をもてば, 補題 2 によって和集合 $C_p \cup C_q$ が連結集合になるけれども, これは $p$ を要素にもつ連結集合なので $C_p$ に含まれ $C_q \subset C_p$ となります. いっぽう $C_p \cup C_q$ が連結で $q$ を要素にもつことからは $C_p \subset C_q$ が得られ, 結局 $C_p = C_q$ となります. 空間 $X$ は各点の連結成分へと分割されてしまうわけです. とくに, 空間全体が 1 個の連結成分からなることが, 空間が連結であるための必要十分条件になっています.

補題 4 によれば連結成分 $C_p$ の閉包 $\mathrm{Cl}(C_p)$ も連結集合ですが, これも $p$ を要素にもつ連結集合のひとつなので $C_p$ の部分集合になっています. 逆に $C_p$ が $\mathrm{Cl}(C_p)$ の部分集合であることは明らかなので, $C_p = \mathrm{Cl}(C_p)$ となります. つまり連結成分 $C_p$ は閉集合なのです.

# 演習

## 演習 1

> ゾルゲンフライ直線 $\mathbb{S}$ において，半開区間 $(\alpha,\beta]$ が開かつ閉集合であることを示せ．次に $\mathbb{S}$ が不連結な空間であることを証明せよ．

　半開区間 $(\alpha,\beta]$ に属する任意の点 $x$ を考えると，半開区間 $(\alpha,x]$ がゾルゲンフライ直線 $\mathbb{S}$ における $x$ の近傍になっています．いま $\alpha < x \le \beta$ なので $(\alpha,x]$ は $(\alpha,\beta]$ の部分集合です．したがって $(\alpha,\beta]$ も $x$ の近傍です．$x$ は $(\alpha,\beta]$ に属する任意の点であったので，$(\alpha,\beta]$ は $\mathbb{S}$ の開集合です．

　いっぽう，$x$ を半開区間 $(\alpha,\beta]$ に属しない $\mathbb{S}$ の点とすると，$x \le \alpha$ または $\beta < x$ のいずれかが成立します．$x \le \alpha$ であれば $U = (x-1,x]$ とし，$\beta < x$ であれば $U = (\beta,x]$ としましょう．すると，$U$ は $\mathbb{S}$ における $x$ の近傍です．$U$ の選び方から $U \cap (\alpha,\beta] = \emptyset$ したがって $U \subset \mathbb{S} \setminus (\alpha,\beta]$ となります．つまり $x$ は $(\alpha,\beta]$ の補集合 $\mathbb{S} \setminus (\alpha,\beta]$ の内点ということになります．いま $x$ は $\mathbb{S} \setminus (\alpha,\beta]$ の任意の要素だったので，$\mathbb{S} \setminus (\alpha,\beta]$ は $\mathbb{S}$ の開集合，したがって $(\alpha,\beta]$ は $\mathbb{S}$ の閉集合です．

　こうして半開区間 $(\alpha,\beta]$ がゾルゲンフライ直線の開かつ閉集合であることがわかりました．空集合でも全体でもない開かつ閉な部分集合が存在するような位相空間は 102 ページの定理に述べたとおり不連結です．今回の場合，$\mathbb{S}$ は半開区間 $(\alpha,\beta]$ とその補集合 $\mathbb{S} \setminus (\alpha,\beta]$ という，ふたつの離れた空でない集合の和集合になっているため不連結なのです．

## 演習 2

> 実数直線 $\mathbb{R}$ の 2 個以上の要素をもつ連結な部分集合 $A$ が，直線全体，半直線，区間のいずれかであることを示せ．

集合 $A$ の下限を $\alpha$, 上限を $\beta$ としましょう. ただし, $\alpha$ は $-\infty$ になる可能性があり, $\beta$ は $+\infty$ になる可能性があります. $A$ にはふたつ以上の異なる実数が含まれているので, $\alpha < \beta$ になっています. 実数 $x$ が $\alpha < x < \beta$ をみたすならば, 下限および上限の定義により $\alpha < a \leqq x \leqq b < \beta$, $a, b \in A$ をみたす $a$ と $b$ が存在することになり, 106 ページの論法により $x \in A$ となることがわかります. $\alpha$ と $\beta$ の中間にある実数はすべて $A$ に属するというわけです. また下限 $\alpha$ より真に小さい実数は $A$ に属しないし, 上限 $\beta$ より真に大きな実数は $A$ に属しません. あとは $\alpha$ と $\beta$ がどうなるかです. ここで $\alpha$ と $\beta$ が $\pm\infty$ か有限か, また, 有限だとしたら $A$ に属するかどうかで場合わけせねばなりません. 結果は次の表のようになります:

|  | $\beta = +\infty$ | $\beta \in A$ | $\beta \notin A$ |
|---|---|---|---|
| $\alpha = -\infty$ | $\mathbb{R}$ | $(-\infty, \beta]$ | $(-\infty, \beta)$ |
| $\alpha \in A$ | $[\alpha, +\infty)$ | $[\alpha, \beta]$ | $[\alpha, \beta)$ |
| $\alpha \notin A$ | $(\alpha, +\infty)$ | $(\alpha, \beta]$ | $(\alpha, \beta)$ |

## 演習 3

位相空間 $X$ の点 $p$ の連結成分 $C_p$ が連結集合であることを証明せよ.

点 $p$ 連結成分 $C_p$ とは, $p$ を要素として含む連結集合すべての和集合のことでした. いま $C_p$ がふたつの離れた集合 $A$ と $B$ の和に分解されたとします:

$C_p = A \cup B$,

$A \neq \emptyset$,　　$B \neq \emptyset$,

$\mathrm{Cl}(A) \cap B = A \cap \mathrm{Cl}(B) = \emptyset$.

点 $p$ は $C_p$ の要素なので $p \in A$ か $p \in B$ のどちらかが成立します. どちらの場合も話は同じことなので, 以下 $p \in A$ だったとします. $B$ も空ではないので要素 $q \in B$ をとりましょう. $q$ は $p$ の連結成分 $C_p$ の要素なので, $p$ と $q$ の両方を要素

として含むなんらかの連結集合 $E$ が存在するはずです．このとき $E \subset C_p$ となっています．この $E$ について $A' = A \cap E$，$B' = B \cap E$ と定めましょう．すると $p \in A'$，$q \in B'$ なので $A'$ も $B'$ も空ではなく，$A' \cup B' = E$ であり，また

$$\mathrm{Cl}(A') \cap B \subset \mathrm{Cl}(A) \cap B = \emptyset,$$

$$A' \cap \mathrm{Cl}(B') \subset A \cap \mathrm{Cl}(B) = \emptyset$$

なので，$A'$ と $B'$ は離れています．そこで $E$ が不連結集合であることになってしまいますが，これは $E$ の選び方に矛盾します．このように $C_p$ がふたつの離れた集合 $A$ と $B$ の和に分解できると仮定すると矛盾するので，$C_p$ は不連結ではありません．これが証明したかったことでした．

　さて，この議論は実のところ補題 3 の証明のくり返しにすぎません．補題 3 を使って演習 3 の結果を最短コースで導くこともできます．試してみてください．

## ◉直積空間の連結性

　ここでひとつ補足します．

**定理**　位相空間 $X$ と $Y$ がいずれも連結であれば直積空間 $X \times Y$ も連結である．

　直積空間 $X \times Y$ の任意の 2 点 $p = (x_p, y_p)$ と $q = (x_q, y_q)$ が与えられたとき，部分集合

$$(\{x_p\} \times Y) \cup (X \times \{y_q\})$$

は連結集合です（次ページ図 1）．というのは，$\{x_p\} \times Y$ は $Y$ から $X \times Y$ への連続写像 $y \mapsto (x_p, y)$ による連結空間 $Y$ の像なので補題 5 により連結，同様に $X \times \{y_q\}$ は連結空間 $X$ の連続写像による像なので連結です．これらふたつの集合は共通の要素として点 $(x_p, y_q)$ を含むので，和集合 $(\{x_p\} \times Y) \cup (X \times \{y_q\})$ は補題 2 により連結なのです．$X \times Y$ の任意の 2 点 $p$ と $q$ に対しその 2 点を含む連結集合が存在するので，補題 3 により，$X \times Y$ は連結空間です．

　逆に直積空間 $X \times Y$ が連結空間であるなら，$X$ も $Y$ も連結空間です．というのも $X$ は直積空間 $X \times Y$ の射影 $(x, y) \mapsto x$ による連続像になっており，連続写

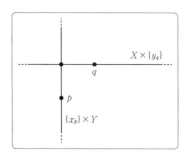

**図1**

像が連結性を保つからです. $Y$ についても同様です.

　また, この定理もその逆も, 「連結」を「弧状連結」におきかえても成立します. さらに, 直積空間の因子の数はふたつに限らずいくつでも, たとえ無限直積であっても, 連結性は保たれます.

# 第8章

# コンパクト性をめぐって

## ┃ ボルツァーノ–ワイヤストラスの定理

解析学で使われるボルツァーノ–ワイヤストラスの定理を思い出しましょう.

> **定理 1**(ボルツァーノ–ワイヤストラスの定理) 実数の有界な数列は,収束する部分列を含む.

念のため,証明を書きます.

実数の有界な数列 $x_n$ $(n = 1, 2, 3, \cdots)$ が与えられたとします.有界性から,ある定数 $a$ と $b$ がとれてすべての $n$ について $a \leqq x_n \leqq b$ となっています.閉区間 $[a, b]$ を $I_0$ と書きましょう.中点 $(a+b)/2$ でこの区間 $I_0$ を分割してふたつの閉区間 $I_0^L = [a, (a+b)/2]$ と $I_0^R = [(a+b)/2, b]$ を作ります.もしも無限に多くの番号 $n$ で $x_n$ が $I_0^L$ に属するなら $I_1 = I_0^L$ とし,そうでないときは $I_1 = I_0^R$ とします.どの $x_n$ も $I_0^L$ か $I_0^R$ のどちらかには属するのですから,いずれにせよ無限に多くの番号 $n$ で $x_n$ が $I_1$ に属することになります.自然数 $k$ について閉区間 $I_k$ がすでに定まっていて,無限に多くの番号 $n$ について $x_n$ が $I_k$ に属すると仮定します.$I_k$ の中点で区間を2等分して $I_k^L$ と $I_k^R$ を作ります.もしも無限に多くの番号 $n$ について $x_n$ が $I_k^L$ に属するなら $I_{k+1} = I_k^L$ とし,そうでなければ $I_{k+1} = I_k^R$ とします.そうすればいずれにせよ無限に多くの番号 $n$ について $x_n$ が $I_{k+1}$ に属することになります.このようにしてすべての番号 $k$ について $I_k$ が定まります.この区間

$I_k$ の左右の端点をそれぞれ $a_k, b_k$ とすると，

$$a \leqq a_1 \leqq a_2 \leqq \cdots \leqq a_k \leqq \cdots \leqq b_k \leqq \cdots \leqq b_2 \leqq b_1 \leqq b,$$

$$0 \leqq b_k - a_k = \frac{b-a}{2^k}$$

となっているので，$\sup a_k = \inf b_k$ であり，この値を $c$ とすれば

$$\lim_{k\to\infty} a_k = \lim_{k\to\infty} b_k = c$$

です.

ここで $x_n \in I_k$ となる番号 $n$ 全体のなす集合を $S_k$ としましょう．$I_k$ の選びかたにより，どの $S_k$ も無限集合で，$\mathbb{N} = S_0 \supset S_1 \supset S_2 \supset \cdots$ と入れ子になっています. そこで $n_1 \in S_1$ とし，$n_1 < n_2 \in S_2$ となるように $n_2$ を選び，$n_2 < n_3 \in S_3$ となるように $n_3$ を選び，以下同様に，$n_k \in S_k$ となるように自然数の増加列

$$n_1 < n_2 < n_3 < \cdots$$

を選べます．$n_k \in S_k$ なので $x_{n_k}$ は区間 $I_k$ に属し，$a_k \leqq x_{n_k} \leqq b_k$ となります．$a_k$ と $b_k$ は $k \to \infty$ のとき共通の極限値 $c$ に収束するので，はさみうちの原理により

$$\lim_{k\to\infty} x_{n_k} = c$$

と，部分列 $x_{n_k}$ ($k = 1, 2, \cdots$) が収束することがわかります. （証明終）


長々と古典的なボルツァーノ–ワイヤストラスの定理の証明を書いた理由は，このあとのフィルターの収束に関する議論との関連のためです．第 6 章第 2 節（86 ページ）でフィルターの収束について議論しました．位相空間 $X$ 上のフィルター $\mathcal{F}$ は，$X$ の点 $p$ の近傍フィルター $\mathcal{N}(p)$ を含むときに，$p$ に収束すると定義しました．そしてこの定義により，実数の数列 $x_n$ ($n = 1, 2, \cdots$) の生成するフィルター

$$\mathcal{F} = \{A \subset \mathbb{R} \,|\, \text{ある番号 } n \text{ について } x_n, x_{n+1}, x_{n+2}, \cdots \in A\}$$

が収束することと，もとの点列が収束することの同値性が確立されたのでした. いま数列 $x_n$ ($n = 1, 2, \cdots$) から収束する部分列 $x_{n_k}$ ($k = 1, 2, \cdots$) を抜き出したとしましょう．この部分列の生成するフィルター

$$\mathcal{F}' = \{A \subset \mathbb{R} \,|\, \text{ある番号 } k \text{ について } x_{n_k}, x_{n_{k+1}}, x_{n_{k+2}}, \cdots \in A\}$$

と，もとの数列の生成するフィルター $\mathcal{F}$ には，

$\mathcal{F} \subset \mathcal{F}'$

の関係があります．部分列 $x_{n_k}$ が収束するのでフィルター $\mathcal{F}'$ も収束します．と
すると，実数の有界な点列が生成するフィルターは，ボルツァーノ-ワイヤストラ
スの定理によって，収束するフィルターへと拡大できるわけです．

いっぽう，閉区間 $[a, b]$ を含むフィルターは，なにも点列に対応するものだけ
ではありません．たとえば，$[a, b]$ の部分集合のうち補集合が可算集合であるよ
うなものをすべて集めて作った集合族は $[a, b]$ 上のフィルターですが，このフィ
ルターはどんな点列にも対応していません．ボルツァーノ-ワイヤストラスの定
理は，こういったフィルターについては，何も言っていません．

しかしながら，ボルツァーノ-ワイヤストラスの定理と同様の区間縮小法を用
いれば，閉区間 $[a, b]$ 上のすべてのフィルターが，なんらかの収束するフィルタ
ーに拡大できることが示せます．次節でこのことをお話しします．

# 2 有限交叉性

フィルターは，ふたつのメンバーの共通部分をとる操作のもとで閉じています
から，フィルター $\mathcal{F}$ から有限個のメンバー $A_1, \cdots, A_n$ をとり出したとき，$A_1 \cap$
$\cdots \cap A_n$ も $\mathcal{F}$ のメンバーです．そして空集合 $\emptyset$ はフィルター $\mathcal{F}$ のメンバーではな
いので，$A_1 \cap \cdots \cap A_n$ は空集合ではありません．

有限個のメンバーの共通部分が空でない，というこの性質にはとくに名前がつ
けられています．

> **定義**　集合族 $\mathcal{A}$ が**有限交叉性**をもつとは，$\mathcal{A}$ から有限個のメンバー $A_1, \cdots,$
> $A_n$ を任意に取り出したとき，必ず $A_1 \cap \cdots \cap A_n \neq \emptyset$ となることである．

ですから，すべてのフィルターは有限交叉性をもちます．有限交叉性をもつ集
合族はフィルターとは限りませんが，もしも集合 $X$ の部分集合族 $\mathcal{A}$ が有限交叉
性をもつなら，

$\mathcal{F}_{\mathcal{A}} = \{A \subset X \mid$ 有限個の $A_1, \cdots, A_n \in \mathcal{A}$ が存在して $A_1 \cap \cdots \cap A_n \subset A\}$

を作れば，この $\mathcal{F}_{\mathcal{A}}$ は $\mathcal{A}$ を含むフィルターになります．フィルターに含まれる集

合族が有限交叉性をもつことはさきほどの議論から明らかなので，

　　有限交叉性をもつ $\Longleftrightarrow$ 何らかのフィルターに含まれる

ということになっています．このように，フィルターと有限交叉性には密接な関連があります．

### 演習 1

> 自然数 $d \geqq 1$ の正の倍数全体を $M_d = \{d, 2d, 3d, \cdots\}$ とするとき，集合族 $\{M_1, M_2, M_3, \cdots\}$ が有限交叉性をもつことを証明せよ．

さて，話を戻しますと，ここで証明すべきことは，次のことでした．

> **定理 2**　実数の閉区間 $[a, b]$ 上の任意のフィルター $\mathcal{F}$ に対して，収束するフィルター $\mathcal{F}'$ を $\mathcal{F} \subset \mathcal{F}'$ となるようにとれる．

このための補題として，有限交叉性に関する次の事実を用います．これは有限交叉性についてのちょうどいい演習問題になっていると思います．

### 演習 2

> 集合 $X$ の部分集合の族 $\mathcal{A}$ を考える．いま $X$ の部分集合 $P$ と $Q$ があって，$\mathcal{A}$ に和集合 $P \cup Q$ を添加した $\{P \cup Q\} \cup \mathcal{A}$ が有限交叉性をもつと仮定する．このとき $\{P\} \cup \mathcal{A}$ か $\{Q\} \cup \mathcal{A}$ の少なくとも一方が有限交叉性をもつことを証明せよ．（対偶を考えること．）

では証明に移ります．前のセクションの議論をまねて，まず $I_0 = [a, b]$ とおき，区間を 2 等分していくことにしましょう．区間 $I_0$ を中点で 2 等分して，ふたつの閉区間 $I_0^{\mathrm{L}} = [a, (a+b)/2]$ と $I_0^{\mathrm{R}} = [(a+b)/2, b]$ を作れば，$I_0 = I_0^{\mathrm{L}} \cup I_0^{\mathrm{R}}$ です．

$I_0 \in \mathcal{F}$ で，$\mathcal{F}$ は有限交叉性をもつのですから，演習2の結果により，$\{I_0^L\} \cup \mathcal{F}$ または $\{I_0^R\} \cup \mathcal{F}$ の少なくとも一方が有限交叉性をもちます．もしも $\{I_0^L\} \cup \mathcal{F}$ が有限交叉性をもつなら $I_1 = I_0^L$ とし，そうでなければ $I_1 = I_0^R$ とします．自然数 $k$ について $I_k$ が決まって，$\{I_k\} \cup \mathcal{F}$ が有限交叉性をもっていたと仮定しましょう．この $I_k$ を中点で2等分してふたつの閉区間 $I_k^L$ と $I_k^R$ を作ったとして，もしも $\{I_k^L\} \cup \mathcal{F}$ が有限交叉性をもつなら $I_{k+1} = I_k^L$ とし，そうでなければ $I_{k+1} = I_k^R$ とします．そうすればいずれにせよ $\{I_{k+1}\} \cup \mathcal{F}$ は有限交叉性をもつことになります．この要領ですべての番号 $k$ について閉区間 $I_k$ が定まります．作り方から

$$[0,1] = I_0 \supset I_1 \supset I_2 \supset \cdots$$

と入れ子になっていて，$I_k$ の幅は $(b-a)/2^k$ となります．そこで前節の議論と同様にしてすべての $I_k$ に共通に属する実数 $c$ が定まります．この $c$ に収束するフィルターを，$\mathcal{F}$ を含むように作るためには

$$\mathcal{F}' = \{A \subset [a,b] \mid \text{ある } k \text{ とある } B \in \mathcal{F} \text{ について } I_k \cap B \subset A\}$$

と定めればよろしい．$\mathcal{F}'$ はフィルターの条件をみたします．もとのフィルター $\mathcal{F}$ がこの $\mathcal{F}'$ に含まれることは明らかでしょう．あとは区間 $[a,b]$ における $c$ の近傍フィルターが $\mathcal{F}'$ に含まれればよいわけです．そのために，$[a,b]$ における $c$ の近傍 $A$ が与えられたとします．このとき，なんらかの正の数 $\varepsilon$ について

$$(c-\varepsilon, c+\varepsilon) \cap [a,b] \subset A$$

となっています．この $\varepsilon$ に対して，番号 $k$ を十分大きく $2^k \varepsilon > b-a$ となるようにとりましょう．すると，点 $c$ までの距離が $(b-a)/2^k$ 以下の実数は $c$ の $\varepsilon$ 近傍すなわち開区間 $(c-\varepsilon, c+\varepsilon)$ に属することになり，$I_k \subset A$ となります．このように $[a,b]$ における $c$ の任意の近傍 $A$ は，いずれもなんらかの番号 $k$ に対する区間 $I_k$ を含み，したがってフィルター $\mathcal{F}'$ に属することになります．こうして $\mathcal{N}(c) \subset \mathcal{F}'$ となり，$\mathcal{F}'$ は $c$ に収束するわけです． （証明終）

# 3 コンパクト空間

閉区間のもつ「任意のフィルターは収束するフィルターに拡大できる」という性質のことを「コンパクト性」といいます．

**定義** 位相空間 $X$ 上の任意のフィルターがそれぞれなんらかの収束するフィルターに含まれるとき，この位相空間は**コンパクト**であるという．位相空間の部分集合が部分空間としてコンパクト位相空間であるとき，**コンパクト部分集合**とよぶ．

ですから，わたくしたちは閉区間が実数直線 $\mathbb{R}^1$ のコンパクト部分集合であることを，すでに証明してしまったわけです．とはいえ，ここで述べたコンパクト性の定義は一般的なものとはだいぶ異なります．多くのテキストでは，超フィルターによる定義，有限交叉性をもつ閉集合の族による定義，開被覆による定義のいずれかを採用しています．これらについて順を追って説明しましょう．

# 4 超フィルター

コンパクト性についてのわたくしたちの定義はフィルターの拡大に関連しています．どんなフィルターも上手に拡大すれば収束するフィルターに拡大できる，というのがコンパクト性の定義でした．いっぽう，これから説明する**超フィルター**とは，もうこれ以上拡大できない，極大なフィルターのことです．次の補題を見てください．

**補題** 集合 $X$ 上の部分集合族 $\mathscr{F}$ について次の(1)–(4)は同値である：

(1) $\mathscr{F}$ は極大なフィルターである．つまり，$\mathscr{F}$ はフィルターであり，$\mathscr{F} \subset \mathscr{G}$ かつ $\mathscr{G}$ がフィルターなら $\mathscr{G} = \mathscr{F}$ である．

(2) $\mathscr{F}$ は有限交叉性をもつ部分集合族として極大である．つまり，$\mathscr{F}$ は有限交叉性をもつ部分集合族であり，$\mathscr{F} \subset \mathscr{A}$ かつ $\mathscr{A}$ が有限交叉性をもつなら $\mathscr{A} = \mathscr{F}$ である．

(3) $\mathscr{F}$ はフィルターであり，$X$ の部分集合 $A$ と $B$ について $A \cup B \in \mathscr{F}$ ならば $A \in \mathscr{F}$ または $B \in \mathscr{F}$ である．

(4) $\mathscr{F}$ はフィルターであり，$X$ の任意の部分集合 $A$ について $A \in \mathscr{F}$ または $X \setminus A \in \mathscr{F}$ の一方が成立する．

この補題の証明は，ここまでの議論と演習2の結果を使えばできるでしょうから，省略します．これらの同値な条件(1)–(4)をみたすフィルター $\mathcal{F}$ のことを，$X$ 上の超フィルターとよぶのです．

コンパクト空間においては任意のフィルターは収束するフィルターへと拡大できるわけですが，超フィルターは自分自身を越えて拡大できませんので，それ自身が収束するフィルターになっているわけです．すなわち**コンパクト空間上の超フィルターは収束する**ということが言えます．逆も成立します．というのも，ツォルンの補題により，どんなフィルターも極大なフィルターすなわち超フィルターへと拡大できるのですから，もしも位相空間 $X$ 上のすべての超フィルターが収束するならば，$X$ 上の任意のフィルターは，たしかに収束するフィルターへと拡大できるわけです．

**定理3**　位相空間が $X$ がコンパクトであるためには $X$ 上の超フィルターがすべて収束することが必要，かつ十分である．

# 5 開被覆とコンパクト性

コンパクト性の定義と同値な位相空間の性質を，あとふたつ述べます．

位相空間 $X$ の部分集合族 $\mathcal{A}$ が，閉集合からなる有限交叉性をもつ集合族であったとします．$\mathcal{A}$ は何らかのフィルターに含まれるわけですが，とくに，$X$ の点 $p$ に収束するフィルター $\mathcal{F}$ に $\mathcal{A}$ が含まれたとします．このとき $\mathcal{A}$ の任意のメンバー $A$ と $p$ の任意の近傍 $U$ はどちらもフィルター $\mathcal{F}$ の要素なので $A \cap U \neq \emptyset$ です．ということは $A$ は $p$ のすべての近傍と交わる閉集合なので $p \in \mathrm{Cl}(A) = A$ となります．こうして点 $p$ は $\mathcal{A}$ の全メンバーの共通要素ということになり，$\bigcap \mathcal{A} \neq \emptyset$ となります．したがって，任意のフィルターが収束するフィルターへと拡大できるコンパクト位相空間では，有限交叉性をもつ閉集合族の交わりは空になりません．

逆にいま，位相空間 $X$ において，有限交叉性をもつ閉集合族の交わりが決して空にならないと仮定しましょう．$\mathcal{F}$ を $X$ 上の任意の超フィルターとし，$\mathcal{F}$ に属する閉集合だけからなる集合族を $\mathcal{A}$ とします．すると $\mathcal{A}$ は有限交叉性をもつ閉

集合族ですから仮定により $\bigcap \mathcal{A}$ は空でありません. そこで $\mathcal{A}$ の全メンバーに共通の要素 $p$ をとります. いま $p$ の近傍 $U$ を任意にとったとすると, 開集合 $O$ が $p \in O \subset U$ となるようにとれます. 超フィルターの性質から $O \in \mathcal{F}$ または $X \backslash O \in \mathcal{F}$ となりますが, $X \backslash O$ は閉集合で $p$ を要素にもたないので, 集合族 $\mathcal{A}$ のメンバーにはなりません. ということは, $X \backslash O \notin \mathcal{F}$ でなければならず, $O \in \mathcal{F}$ したがって $U \in \mathcal{F}$ となります. つまり点 $p$ の任意の近傍が超フィルター $\mathcal{F}$ に属するわけで, $\mathcal{F}$ は $p$ に収束します. こうして次のことが証明されました.

**定理 4**　位相空間が $X$ がコンパクトであるためには $X$ における有限交叉性をもつ閉集合族の交わりが決して空にならないことが必要, かつ十分である.

この定理 4 の条件の対偶をとると, 閉集合族 $\mathcal{A}$ について $\bigcap \mathcal{A} = \emptyset$ ならば $\mathcal{A}$ は有限交叉性をもたず, 有限個のメンバー $A_1, \cdots, A_n$ を抜き出して $A_1 \cap \cdots \cap A_n = \emptyset$ とできる, ということになります. これと同じことを, 閉集合の裏返しの概念である開集合を用いて表現すると, 開被覆によるコンパクト性の特徴づけが得られます.

**定義**　位相空間 $X$ の**開被覆**とは, $X$ の開集合からなる集合族 $\mathcal{U}$ で $\bigcup \mathcal{U} = X$ となるもののことである.

つまり $\mathcal{U}$ に属する開集合で $X$ 全体を覆ってしまえるというわけです.

$X$ の開被覆 $\mathcal{U}$ が与えられたとして, $\mathcal{U}$ のメンバーの補集合の全体を $\mathcal{A}$ としましょう.

$$\mathcal{A} = \{ X \backslash U \,|\, U \in \mathcal{U} \}.$$

すると $\mathcal{A}$ は閉集合の族で, $\mathcal{U}$ が $X$ 全体を覆っているため $\mathcal{A}$ の全メンバーに共通の要素は存在しません. いま $X$ がコンパクト空間だったとすると, そのような閉集合族 $\mathcal{A}$ は有限交叉性をもたないのですから, $\mathcal{A}$ の有限個のメンバー $A_1, \cdots, A_n$ を抜き出して $A_1 \cap \cdots \cap A_n = \emptyset$ とできます. このことをもう一度補集合をとって考えれば, 開被覆 $\mathcal{U}$ の有限個のメンバー $U_1, \cdots, U_n$ を抜き出して $U_1 \cup \cdots \cup U_n = X$ と, これらだけで $X$ 全体を覆ってしまっているわけです.

このように考えることで，コンパクト性のもうひとつの特徴づけが得られます．

**定理5**　位相空間が $X$ がコンパクトであるためには $X$ の任意の開被覆から，有限個のメンバーを抜き出してそれらだけで $X$ を覆えること，すなわち任意の開被覆が有限部分被覆をもつことが，必要かつ十分である．

ここまでの話をまとめます．位相空間 $X$ について次の(a)-(d)は同値です．これらをみたす位相空間 $X$ のことをコンパクト空間とよぶのです．

(a) $X$ 上のどんなフィルターも，収束するフィルターへと拡大できる．

(b) $X$ 上の超フィルターはすべて収束する．

(c) $X$ の閉集合からなる有限交叉性をもつどんな集合族の交わりも，空ではない．

(d) $X$ の任意の開被覆は有限部分被覆をもつ．

今回はコンパクト性の定義として，ボルツァーノ-ワイヤストラスの定理との関連がわかりやすい(a)の条件を採用しました．しかしながら，多くのテキストがコンパクト性の定義として(d)の条件を採用しています．とくに実数の閉区間についてこの(d)が成立するという主張がいわゆるハイネ-ボレルの定理です．わたくしたちは今回，ハイネ-ボレルの定理をずいぶん遠回りして証明したことになります．

なお，位相空間全体の話でなく部分集合のコンパクト性について考える場合は，条件(d)を変形した次の命題に訴えるのが簡明でよいでしょう．

**命題**　位相空間 $X$ の部分集合 $Y$ がコンパクト部分集合であるためには次の条件をみたすことが必要かつ十分である：$X$ の開集合からなる集合族 $\mathcal{U}$ について $Y \subset \bigcup \mathcal{U}$ であれば，$\mathcal{U}$ の有限個のメンバー $U_1, \cdots, U_n$ によって $Y \subset U_1 \cup \cdots \cup U_n$ となる．

# 6 連続関数と最大値原理

　実数の閉区間のコンパクト性に関連する重要な命題としては，ボルツァーノ–ワイヤストラスの定理，ハイネ–ボレルの定理のほかに，「閉区間上の連続関数は最大値をとる」という最大値原理があります．最大値原理はコンパクト空間に一般化できます．

　**定理 6**（最大値原理）　コンパクト位相空間 $X$ 上の実数値連続関数 $f \colon X \to \mathbb{R}$ は $X$ のある点で最大値をとる．

　証明は二段階に分けられます．第一段階では $f$ が上に有界であることを示します．これはまず $m = 1, 2, 3, \cdots$ に対して

$$U_m = \{x \in X \mid f(x) < m\}$$

とおけば，$U_m$ は開集合で，各点 $x$ ごとに考えれば $f(x)$ より大きい自然数 $m$ はたしかにあるので，$\mathcal{U} = \{U_1, U_2, U_3, \cdots\}$ が $X$ の開被覆になっています．いま $X$ はコンパクトなので $\mathcal{U}$ の有限個のメンバーで $X$ 全体を覆ってしまえます．それら有限個の $U_k$ のうち最大の添字をもつものを $U_m$ とすれば，ほかの $U_k$ は $U_m$ に含まれているので $X = U_m$，したがってすべての点 $x$ で $f(x) < m$ で，たしかに $f$ は上に有界です．

　第二段階では $f$ の最大値の存在を示します．$f$ は上に有界だったので，最小の上界

$$c = \sup\{f(x) \mid x \in X\}$$

が存在します．正の数 $\varepsilon > 0$ に対して $A_\varepsilon = \{x \in X \mid f(x) \geqq c - \varepsilon\}$ としましょう．すると $A_\varepsilon$ は $X$ の閉集合で，最小上界の定義から $A_\varepsilon \neq \emptyset$ です．いま有限個の正の数 $\varepsilon_1, \cdots, \varepsilon_n$ が与えられたとすると

$$A_{\varepsilon_1} \cap \cdots \cap A_{\varepsilon_n} = A_{\min(\varepsilon_1, \cdots, \varepsilon_n)} \neq \emptyset$$

なので，$\mathcal{A} = \{A_\varepsilon \mid \varepsilon > 0\}$ は有限交叉性をもつ閉集合の族になっています．いま $X$ はコンパクトなので，$\mathcal{A}$ 全体の交わりは空集合ではありません．つまり，ある点 $p$ が存在して，すべての正の数 $\varepsilon$ について $p \in A_\varepsilon$ をみたします．これはすべての $\varepsilon > 0$ について $f(p) \geqq c - \varepsilon$ ということですから，$f(p) \geqq c$ です．いっぽう $c$

は $f$ の値域の上界なので，すべての $x \in X$ について $f(x) \leqq c$ です．したがって $f(p) = c$ であり，しかもこれが $f$ の最大値です．　　　　　　　　　　（証明終）

　ここではコンパクト位相空間上の連続関数の話に限りましたが，一般の位相空間 $X$ に実数値連続関数 $f: X \to \mathbb{R}$ が与えられていて，$K \subset X$ が $X$ のコンパクト部分集合であるときには，$f$ は $K$ において上に有界であり最大値をとります．

　このことを，たとえば $X$ が距離空間 $(X, \rho)$ のときに考えてみましょう．任意に点 $p \in X$ を固定し関数 $f: X \to \mathbb{R}$ を $f(x) = \rho(x, p)$ と定めればこれは連続関数です．したがって，$X$ のコンパクト部分集合 $K \subset X$ において $f$ は上に有界で，定数 $M$ を $x \in K$ のときつねに $f(x) < M$ となるようにとれます．ですから $K$ は点 $p$ の $M$-近傍 $U_\rho(p, M) = \{x \in X \mid \rho(p, x) < M\}$ に含まれるという意味で，有界集合です．

　距離空間のコンパクト部分集合は，有界であり，かつ閉集合になります．これには距離空間がハウスドルフ空間であるということ（第 6 章 85 ページ）が効いてきます．

**定理 7**　ハウスドルフ空間のコンパクト部分集合は閉集合である．

　ハウスドルフ空間 $X$ のコンパクト部分集合 $Y$ があったとします．$Y$ が閉集合であることを示すには，$Y$ に属しない点 $p \in X \setminus Y$ が与えられたとして，$Y$ と交わらない $p$ の近傍を見つければよろしい．そのために，$Y$ の任意の点 $y \in Y$ について考えると，$y \neq p$ なのでハウスドルフ性から $y$ の開近傍 $U_y$ と $p$ の開近傍 $V_y$ を $U_y \cap V_y = \emptyset$ となるようにとれます．集合族 $\mathcal{U} = \{U_y \mid y \in Y\}$ を考えると，各 $y$ は対応する $U_y$ に属するので $\bigcup \mathcal{U} \supset Y$ と，$\mathcal{U}$ は $Y$ 全体を覆っています．$Y$ のコンパクト性から，有限個の $y_1, \cdots, y_n \in Y$ をとって $U = U_{y_1} \cup \cdots \cup U_{y_n} \supset Y$ と対応する $U_{y_k}$ だけで $Y$ を覆えます．このとき各 $U_{y_k}$ と対になる $V_{y_k}$ の共通部分 $V = V_{y_1} \cap \cdots \cap V_{y_n}$ は $p$ を要素にもつ開集合であって，$U \cap V = \emptyset$ なので $Y \cap V = \emptyset$ です．したがってこの $V$ が求める $p$ の近傍です．　　　　　　　　　　（証明終）

　ですから，距離空間においては，コンパクト部分集合はつねに有界な閉集合な

のです.

実数直線 $\mathbb{R}^1$ をはじめとするユークリッド空間 $\mathbb{R}^d$ では,逆に,有界な閉集合がコンパクト部分集合になることが,定理2の区間の分割の論法を適切に拡張すれば示せます.有界な閉集合というのはわかりやすい条件ですが,あいにく一般の距離空間ではこれがコンパクト性と同値になってくれません.とくに,進んだ解析学で重要な関数空間のような無限次元空間においては,有界閉集合は必ずしもコンパクト集合にならないのです.

さて,定理7では,$Y$ に属しない点 $p$ の近傍 $V$ だけでなく,それと交わらない $Y$ を含む開集合 $U$ も見つけることができました.このことを,次の演習の命題と組みあわせると,コンパクトなハウスドルフ空間が $T_3$ 分離公理をみたすことがわかります.

## 演習 3

コンパクト位相空間(ハウスドルフ性は仮定しない)の閉部分集合がコンパクト部分集合であることを示せ.

コンパクト性については言いたいことが多すぎて,今回とても盛り沢山になってしまいました.おしまいに,簡単だけれども,とても大切な定理を述べます.

**定理 8**　連続写像はコンパクト集合をコンパクト集合にうつす.すなわち,$f: X \to Y$ を位相空間の連続写像とするとき,$X$ のコンパクト部分集合 $K$ の像 $f(K)$ は $Y$ のコンパクト部分集合である.

像 $f(K)$ を被覆する $Y$ の開部分集合の族 $\mathcal{U}$ をとったときに,逆像の族 $\mathcal{V} = \{f^{-1}(U) \mid U \in \mathcal{U}\}$ が $K$ を被覆する $X$ の開部分集合の族になっており,$K$ のコンパクト性から $\mathcal{V}$ の有限個のメンバーで $K$ を覆えるので,その有限個に対応する $\mathcal{U}$ のメンバーを用いて $f(K)$ が覆える,というわけです.

# 演習

## 演習 I

---

自然数 $d \geqq 1$ の正の倍数全体を $M_d = \{d, 2d, 3d, \cdots\}$ とするとき，集合族 $\{M_1, M_2, M_3, \cdots\}$ が有限交叉性をもつことを証明せよ.

---

　この集合族の有限個のメンバー $M_{d_1}, \cdots, M_{d_n}$ が任意に選ばれたとき，整数 $d_1, \cdots,$ $d_n$ の積 $d_1 \cdots d_n$ がこれら $n$ 個の集合の共通の要素になっているので，$M_{d_1} \cap \cdots \cap M_{d_n} \neq \emptyset$ です. したがって集合族 $\{M_1, M_2, M_3, \cdots\}$ は有限交叉性をもちます.

　もう少し詳しく見ると，この集合族 $\{M_1, M_2, M_3, \cdots\}$ はふたつのメンバーの共通部分をとる操作のもとで閉じていることがわかります. $M_{d_1}$ と $M_{d_2}$ が任意に選ばれたとき，$d_1$ と $d_2$ の最小公倍数を $d$ とすれば $M_{d_1} \cap M_{d_2} = M_d$ となるからです. 同様に，任意有限個のメンバー $M_{d_1}, \cdots, M_{d_n}$ についても，$d_1, \cdots, d_n$ の最小公倍数 $\mathrm{LCM}(d_1, \cdots, d_n)$ を用いて

$$M_{d_1} \cap \cdots \cap M_{d_n} = M_{\mathrm{LCM}(d_1, \cdots, d_n)}$$

と表されます.

　この問題の集合族 $\{M_1, M_2, M_3, \cdots\}$ のように，

　（ⅰ）空集合をメンバーとしてもたない,

　（ⅱ）有限個のメンバーの共通部分をとる操作のもとで閉じている,

という 2 条件をみたす集合族のことを**準フィルター**（あるいは前フィルター）とよびます. この定義により，フィルターは準フィルターでもあり，また準フィルターは必ず有限交叉性をもちます.

## 演習 2

> 集合 $X$ の部分集合の族 $\mathcal{A}$ を考える．いま $X$ の部分集合 $P$ と $Q$ があって，$\mathcal{A}$ に和集合 $P \cup Q$ を添加した $\{P \cup Q\} \cup \mathcal{A}$ が有限交叉性をもつと仮定する．このとき $\{P\} \cup \mathcal{A}$ か $\{Q\} \cup \mathcal{A}$ の少なくとも一方が有限交叉性をもつことを証明せよ．

結論を否定して $\{P\} \cup \mathcal{A}$ も $\{Q\} \cup \mathcal{A}$ も有限交叉性をもたなかったとしましょう．$\{P\} \cup \mathcal{A}$ が有限交叉性をもたないことから，$\mathcal{A}$ の有限個のメンバー $A_1, \cdots, A_m$ をうまく選ぶと

$$P \cap A_1 \cap \cdots \cap A_m = \emptyset$$

と共通部分が空集合になります．同様に，$\{Q\} \cup \mathcal{A}$ が有限交叉性をもたないことから，$\mathcal{A}$ の有限個のメンバー $B_1, \cdots, B_n$ をうまく選ぶと

$$Q \cap B_1 \cap \cdots \cap B_n = \emptyset$$

と共通部分が空集合になります．このとき，

$$
\begin{aligned}
&(P \cup Q) \cap A_1 \cap \cdots \cap A_m \cap B_1 \cap \cdots \cap B_n \\
&\quad \subset (P \cap A_1 \cap \cdots \cap A_m) \cup (Q \cap B_1 \cap \cdots \cap B_n) \\
&\quad = \emptyset \cup \emptyset \\
&\quad = \emptyset
\end{aligned}
$$

となって，結局 $\{P \cup Q\} \cup \mathcal{A}$ が有限交叉性をもたないことになりますが，これは仮定に反します．

## 演習 3

> コンパクト位相空間(ハウスドルフ性は仮定しない)の閉部分集合がコンパクト部分集合であることを示せ．

コンパクト位相空間 $X$ の閉部分集合 $Y$ が与えられたとします．この $Y$ がコンパクト部分集合であることを示すために，123 ページの命題に訴えることにして，$X$ の開集合からなる集合族 $\mathcal{U}$ について $Y \subset \bigcup \mathcal{U}$ であったと仮定しましょう．

示すべきことは，$\mathscr{U}$ の有限個のメンバー $U_1, \cdots, U_n$ をうまく選ぶと $Y \subset U_1 \cup \cdots \cup U_n$ となることです．そのために，集合族 $\mathscr{U}$ に $Y$ の補集合 $X \backslash Y$ を加えた集合族 $\mathscr{U}' = \{X \backslash Y\} \cup \mathscr{U}$ を考えます．$Y$ が閉集合だったので，$X \backslash Y$ は開集合です．したがって $\mathscr{U}'$ のメンバーはすべて開集合です．また $Y \subset \bigcup \mathscr{U}$ なので $\bigcup \mathscr{U}' = (X \backslash Y) \cup \bigcup \mathscr{U} = X$ となります．ですから $\mathscr{U}'$ は $X$ の開被覆になっています．$X$ のコンパクト性から，$\mathscr{U}'$ から有限個のメンバーを選んで，それらだけで $X$ 全体を覆ってしまうことができます．これは言いかえれば，$\mathscr{U}$ から有限個のメンバー $U_1, \cdots, U_n$ を選んで，

$$(X \backslash Y) \cup U_1 \cup \cdots \cup U_n = X$$

とできるということです．このとき，目論見どおり

$$Y \subset U_1 \cup \cdots \cup U_n$$

となっています．


さて，ここで定理 7（125 ページ）の証明を思い出してください．ハウスドルフ空間 $X$ にコンパクト部分集合 $Y$ と，$Y$ に属しない点 $p$ が任意に与えられたとき，$Y$ を含む開集合 $U$ と $p$ を含む開集合 $V$ を，$U \cap V = \emptyset$ と共通要素がないようにとれたのでした．そして，いま示したとおり，コンパクト空間においては，閉部分集合がコンパクト部分集合になります．ということは，コンパクトなハウスドルフ空間においては，閉部分集合とそれに属しない点とを，交わりのない開集合で分離できる，すなわち $T_3$ 分離公理が成立していることがわかります．ですから，コンパクトなハウスドルフ空間は，いつでも正則空間になるのです．

さらにもう一段階，考察を進めましょう．ハウスドルフ空間 $X$ にふたつの交わりのないコンパクト部分集合 $A$ と $B$（$A \cap B = \emptyset$）があったとします．このとき，$A$ の各点 $a$ は $B$ に属しないので，ここまでの議論の結果により，$a$ を含む開集合 $U_a$ と $B$ を含む開集合 $V_a$ を，$U_a \cap V_a = \emptyset$ と交わりのないようにとれます．すべての $A$ の要素 $a$ にわたる $U_a$ の全体を $\mathscr{U}$ とすれば，$A \subset \bigcup \mathscr{U}$ ですから，$A$ のコンパクト性により，有限個の $A$ の点 $a_1, \cdots, a_n$ を選んで

$$A \subset U_{a_1} \cup \cdots \cup U_{a_n}$$

と $A$ を覆ってしまえます．$U = U_{a_1} \cup \cdots \cup U_{a_n}$ とし，対応する $V_{a_1}, \cdots, V_{a_n}$ から $V = V_{a_1} \cap \cdots \cap V_{a_n}$ と共通部分 $V$ をつくります．すると $U$ と $V$ は開集合で，

$$A \subset U, \quad B \subset V, \quad U \cap V = \emptyset$$

となっています．こうして，ハウスドルフ空間においては，ふたつの交わりのないコンパクト集合を，交わりのない開集合のペアで分離できるのです．同様に，正則空間においては，閉集合と，それに交わらないコンパクト集合とを，交わりのない開集合のペアで分離できます．

以上の考察を，ふたたび演習3の結果と組み合わせることで，次の定理が得られます．

**定理**　コンパクトなハウスドルフ空間は正規空間である．

こうしてフィルターの収束に関する性質であるコンパクト性と，分離公理によって定められる正規性とに関連があることが示されました．このあとしばらくの間，コンパクト性とも正規性とも密接に関連する実数値連続関数をめぐる考察を通じて，空間の詳しい性質を調べていくことにします．

# 正規空間とウリゾーンの補題

第9章

第6章で分離公理についてお話ししたさい，$T_0$ から $T_3$ までの分離公理については，ふたつの空間の直積をとる操作のもとで保たれることを示しました．そして $T_4$ 分離公理が直積で保たれないことにも言及しました．今回そのような実例をご説明します．

## ウリゾーンの補題

正規空間とは $T_1$ 分離公理と $T_4$ 分離公理をみたす位相空間のことでした．$T_1$ 分離公理は《空間の各点 $p$ について $\{p\}$ は閉集合である》と表現することができます．また $T_4$ 分離公理は《空間にふたつの閉集合 $E$ と $F$ が与えられていて $E \cap F = \emptyset$ であるとき，開集合 $U$ と $V$ を $E \subset U,\ F \subset V,\ U \cap V = \emptyset$ をみたすようにとれる》という命題，すなわち《お互いに交わりのないふたつの閉集合を交わりのない開集合のペアで分離できる》という主張でした．

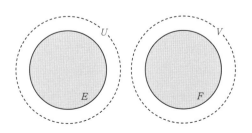

このように定義される正規空間が，実数値連続関数に関して著しい特徴をもつと主張するのが，ウリゾーンの補題です．

**ウリゾーンの補題**　正規空間 $X$ にふたつの閉集合 $E$ と $F$ が与えられていて $E \cap F = \emptyset$ であるとき，閉区間 $[0,1]$ に値をとる連続関数 $f: X \to [0,1]$ が存在して

　　$x \in E$ のとき　$f(x) = 0$,

　　$x \in F$ のとき　$f(x) = 1$

となる．

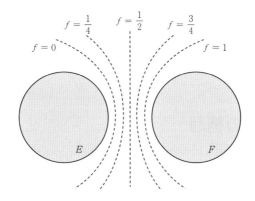

　この図のように，正規空間においてはふたつの交わりのない閉部分集合は開集合のペアで分離できるだけでなく，実数値連続関数によっても分離されるわけです．

　逆にこのように実数値連続関数で分離できるふたつの集合は交わりのない開集合のペアで分離できます．というのも，位相空間 $X$ のふたつの部分集合 $A$ と $B$ について，$X$ 上の実数値連続関数 $f: X \to \mathbb{R}$ が

　　$x \in A$ のとき　$f(x) = 0$,

　　$x \in B$ のとき　$f(x) = 1$

となっているとして，$U = \{x \in X \,|\, f(x) < 1/2\}$, $V = \{x \in X \,|\, f(x) > 1/2\}$ とおけば，$U$ と $V$ は開集合で，たしかに $A \subset U$, $B \subset V$, $U \cap V = \emptyset$ となりますか

ら．この意味において，ウリゾーンの補題は $T_1$ 空間が正規空間であるための必要十分条件を述べているわけです．

ウリゾーンの補題の証明は少々込み入っているので，あと回しにして最後の第4節で述べることにします．

ウリゾーンの補題は，1920 年代の位相空間論研究の初期に《連結でコンパクトなハウスドルフ空間は，それが 2 点以上からなるなら，少なくとも連続体の濃度をもつ》という命題を証明するさいの補題（補助定理）としてウリゾーンによって提示されたものです．コンパクトなハウスドルフ空間は正規空間で，それが異なる 2 点を含めば，ウリゾーンの補題により，その 2 点の一方で 0 他方で 1 という値をとる連続関数 $f$ が存在します．連結位相空間においては中間値の定理（第 7 章 109 ページ参照）が成立するので，この連続関数 $f$ の値域は閉区間 $[0,1]$ を含むことになり，このことからもとの空間の濃度が連続体濃度以上になることがわかるわけです．

ウリゾーンの補題はこの連結位相空間の濃度の問題のほかにもいろいろな使い道がある，なかなかの働き者です．わたくしたちはこの先，《ふたつの正規空間の直積は必ずしも正規空間にならない》ということを示す例の構成や，可分距離空間の位相の特徴づけをする《ウリゾーンの距離づけ定理》の証明に，ウリゾーンの補題を応用します．

# 2 ゾルゲンフライ平面

ゾルゲンフライ直線 $\mathbb{S}$ は，第 6 章演習 2（97 ページ）で示したとおり正規空間です．ふたつのゾルゲンフライ直線 $\mathbb{S}$ の直積 $\mathbb{S} \times \mathbb{S}$ を考えます．以下，これをゾルゲンフライ平面とよび $\mathbb{S}^2$ と書きましょう．ウリゾーンの補題を用いることで，ゾルゲンフライ平面 $\mathbb{S}^2$ が正規空間でないことが証明されます．

ゾルゲンフライ平面 $\mathbb{S}^2$ は集合としては通常のユークリッド平面 $\mathbb{R}^2$ と同じものですが，位相が異なります．ユークリッド平面 $\mathbb{R}^2$ においては点 $p = (a, b)$ の典型的な近傍として $p$ を中心とする円を用いますが，ゾルゲンフライ平面 $\mathbb{S}^2$ における点 $p = (a, b)$ の近傍としては，$p$ を右上の頂点とする長方形をとります（図 1）．

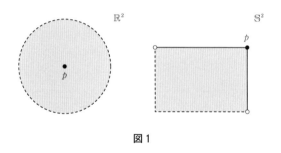

図1

位相の違いは，平面の逆対角線
$$A = \{(x, -x) \mid x \in \mathbb{R}\}$$
を考えると，はっきりとあらわれてきます．ユークリッド平面 $\mathbb{R}^2$ において $A$ 上の点 $p = (x, -x)$ の近傍と $A$ との共通部分は $p$ を含んで直線の両側に広がる区間の形状をなしますが，ゾルゲンフライ平面 $\mathbb{S}^2$ の部分集合としては，同じ点 $p = (x, -x)$ の典型的な近傍は逆対角線 $A$ と点 $p$ のみ共有することになります（図2）．

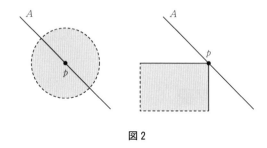

図2

このことから，ユークリッド平面 $\mathbb{R}^2$ の部分空間としての $A$ は通常のユークリッド直線 $\mathbb{R}^1$ と同相な位相空間となり，ゾルゲンフライ平面 $\mathbb{S}^2$ の部分空間としての $A$ は離散位相空間となります．また，$\mathbb{R}^2$ と同様 $\mathbb{S}^2$ においても逆対角線 $A$ は閉部分集合です．直線 $A$ 上にない点は $A$ と交わりのない近傍をもつからです．以上をまとめると，次のことが成り立ちます．

**演習 I**

ゾルゲンフライ平面 $\mathbb{S}^2$ の逆対角線 $A = \{(x, -x) \mid x \in \mathbb{R}\}$ の任意の部分集合 $E \subset A$ を考える. このとき $E$ が $\mathbb{S}^2$ の閉部分集合になることを証明せよ. 次の図 3 がヒントになるだろう.

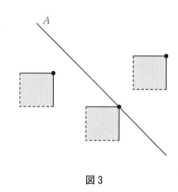

図 3

　ですから, 逆対角線 $A$ の任意の部分集合 $E$ について, $E$ とその補集合 $A \setminus E$ とは, どちらもゾルゲンフライ平面 $\mathbb{S}^2$ の閉集合ということになるわけです.

　さて, ゾルゲンフライ平面 $\mathbb{S}^2$ が正規空間でないことの証明がさしあたりの目標です. 背理法を用います. 結論を否定し $\mathbb{S}^2$ が正規空間であったと仮定して, その仮定から矛盾に導かれることを示そうというわけです.

　先ほど述べたとおり, 逆対角線 $A$ の任意の部分集合 $E$ とその補集合 $A \setminus E$ は $\mathbb{S}^2$ の閉部分集合です. 明らかに $E \cap (A \setminus E) = \emptyset$ で, 共通部分は空です. 仮定により $\mathbb{S}^2$ が正規空間なので, ウリゾーンの補題により, $\mathbb{S}^2$ 上の連続関数 $f_E \colon \mathbb{S}^2 \to [0, 1]$ を

$\qquad x \in E$ のとき　　$f_E(x) = 0$

$\qquad x \in A \setminus E$ のとき　$f_E(x) = 1$

となるようにとれます. この連続関数 $f_E$ は $A$ 上では $0$ と $1$ のみを値としてとることから,

$$E = \{x \in A \mid f_E(x) = 0\}$$

と，$f_E$ から $E$ が復元でき，したがってとくに

$$E_1, E_2 \subset A, \quad E_1 \neq E_2 \quad \text{ならば} \quad f_{E_1} \neq f_{E_2}$$

となっています．

ここで，連続関数のもつ次の性質を用います．

**補題 1**　位相空間 $X$ に稠密な部分集合 $D$ があったとする．いま $X$ 上のふたつの実数値連続関数 $f, g \colon X \to \mathbb{R}$ が $D$ のすべての $x$ について $f(x) = g(x)$ をみたすならば，$X$ のすべての点 $x$ で $f(x) = g(x)$ となり，$f = g$ となる．

言いかえれば，連続関数 $f$ と $g$ の稠密集合 $D$ への制限 $f|D$ と $g|D$ が一致すれば，$f = g$ となるわけです．この補題は，$f(x) \neq g(x)$ となるような $X$ の点 $x$ 全体が $X$ の開集合になることに注意すれば，すぐに証明できます．

## 演習 2

位相空間 $X$ 上の実数値連続関数 $f$ と $g$ に対して集合 $\{x \in X \mid f(x) \neq g(x)\}$ が $X$ の開集合になることを証明し，補題 1 の証明を完成させよ．

さて，ゾルゲンフライ直線 $\mathbb{S}$ において有理数全体の集合 $\mathbb{Q}$ が稠密であったことから，ゾルゲンフライ平面 $\mathbb{S}^2$ においてはふたつの座標がともに有理数であるような点（有理点）の全体 $\mathbb{Q}^2$ が稠密集合になることがわかります．補題 1 によれば，$\mathbb{S}^2$ 上のふたつの連続関数 $f$ と $g$ は，$\mathbb{Q}^2$ 上で一致すれば $\mathbb{S}^2$ 全体で一致します．そこで，$\mathbb{S}^2$ 上の実数値連続関数全体の集合 $C(\mathbb{S}^2, \mathbb{R})$ の濃度は可算集合から $\mathbb{R}$ への写像全体の集合の濃度を超えません．後者は連続体濃度 $2^{\aleph_0}$ なので

$$C(\mathbb{S}^2, \mathbb{R}) \text{ の濃度} \leq 2^{\aleph_0}$$

となることがわかります．

いっぽう，すでに確かめたとおり，$\mathbb{S}^2$ における逆対角線 $A$ の任意の部分集合 $E$ に対して，$E$ 上で 0 となり $A \backslash E$ 上で 1 となる $\mathbb{S}^2$ の実数値連続関数 $f_E$ が存在

するのでした．$E$ が異なれば $f_E$ が異なることから，$C(\mathbb{S}^2, \mathbb{R})$ の濃度は $A$ の冪集合(部分集合全体のなす集合)の濃度以上となります．およそどんな集合 $X$ についても，その冪集合 $P(X)$ の濃度は必ず集合 $X$ の濃度より真に大きいことが，カントールの定理として知られています．いま $A$ は連続体の濃度 $2^{\aleph_0}$ をもつ集合なので

$C(\mathbb{S}^2, \mathbb{R})$ の濃度 $\geqq A$ の冪集合の濃度

$> A$ の濃度 $= 2^{\aleph_0}$

です．以上ふたつの濃度の評価は矛盾しています．$\mathbb{S}^2$ が正規空間であったと仮定して矛盾に導かれたので，ゾルゲンフライ平面 $\mathbb{S}^2$ が正規空間でないこと，したがってまた，ふたつの正規空間の直積空間がかならずしも正規空間でないことがわかりました．

　いっぽう，ふたつの正則空間の直積が正則空間であることは，第6章95ページで証明したとおりですから，ゾルゲンフライ平面 $\mathbb{S}^2$ は正則空間ではあります．こうして，正規空間ではない正則空間の例が，ようやく与えられたことになります．

# 3 完全正則空間

　ウリゾーンの補題の帰結として，正規空間の位相が実数値連続関数によって規定されることがわかります．そのことを説明しましょう．

　正規空間 $X$ の点 $p$ とその近傍 $N$ が与えられたとき，閉区間 $[0,1]$ に値をとる $X$ 上の実数値連続関数 $f: X \to [0,1]$ を

$f(p) = 0, \quad x \notin N$ のときは $f(x) = 1$

となるようにとれます．これは，開集合 $U$ を $p \in U \subset N$ となるようにとれば，$\{p\}$ と $X \backslash U$ が交わりのない閉集合になっているので，ウリゾーンの補題によって両者を連続関数で分離できることに注意すればわかります．

　この考察から次のことがわかります．いま位相空間 $X$ の点 $p$ と実数値連続関数 $f: X \to \mathbb{R}$ が与えられたとして，正の数 $\varepsilon$ に対して

$U(p; f, \varepsilon) = \{x \in X \mid |f(x) - f(p)| < \varepsilon\}$ （★）

とおけば，$U(p; f, \varepsilon)$ は点 $p$ の近傍になりますが，$X$ が正規空間の場合には，こ

の形の近傍の全体が $p$ における基本近傍系になるのです．つまり，正規空間においては，点 $p$ の近傍すなわち「$p$ に十分近い点の集合」ということの意味を「ある実数値連続関数 $f$ の値が十分近い点の集合」という意味に解釈できることになります．

実数値連続関数 $f$ と正の数 $\varepsilon$ の全体にわたって式（★）で $U(p\,;f,\varepsilon)$ を定めたとき，その全体が各点 $p$ の基本近傍系をなす，このような空間のことを**完全正則空間**といいます．形式上は，位相空間 $X$ が $\mathrm{T}_1$ 分離公理と次に述べる $\mathrm{T}_{3\frac{1}{2}}$ 分離公理をみたすときに，完全正則空間とよぶのです．

> **$\mathrm{T}_{3\frac{1}{2}}$ 分離公理** 点 $p$ と閉集合 $F$ が与えられていて $p \notin F$ であるとき，閉区間 $[0,1]$ に値をとる実数値連続関数 $f$ が存在して
> $$f(p) = 0, \qquad x \in F \text{ のときは } f(x) = 1$$
> となる．

したがって正規空間は完全正則空間であり，完全正則空間は正則空間です．正規空間の直積が必ずしも正規空間でないのに対して，完全正則空間の（任意の個数の）直積はまた完全正則空間になります．また完全正則空間の部分空間はまた完全正則空間になりますが，これもまた正規空間の場合には一般には成立しない性質です．

## 演習 3

> ふたつの完全正則空間の直積が完全正則空間であることを証明せよ．

証明は省略しますが，完全正則空間を特徴づける次の定理からも，位相空間論において完全正則空間が占める位置の重要性がうかがえます．

> **定理** 位相空間 $X$ について次の(1)-(3)は同値．

(1) $X$ は完全正則空間である.

(2) $X$ は(一般には無限個の)数直線の直積空間 $\mathbb{R}^\kappa$ の部分空間と同相である.

(3) $X$ はあるコンパクトハウスドルフ空間の部分空間である.

# 4 ウリゾーンの補題の証明

それでは，あとまわしにしていたウリゾーンの補題の証明にとりかかりましょう.

正規空間 $X$ のふたつの部分集合 $A$ と $B$ の間に $\mathrm{Cl}(A) \subset \mathrm{Int}(B)$ の関係があるとき，$A \lhd B$ と書くことにします. このとき $\mathrm{Cl}(A)$ と $X \setminus \mathrm{Int}(B)$ は共通要素をもたない $X$ の閉部分集合ですから，$\mathrm{T}_4$ 分離公理によって開集合 $U$ と $V$ を

$$\mathrm{Cl}(A) \subset U, \quad X \setminus \mathrm{Int}(B) \subset V, \quad U \cap V = \emptyset$$

をみたすようにとれます. ここで部分集合 $C$ を $U \subset C \subset X \setminus V$ となるようにとれば，

$\mathrm{Cl}(A) \subset U \subset \mathrm{Int}(C)$,

$\mathrm{Cl}(C) \subset X \setminus V \subset \mathrm{Int}(B)$

であることから

$A \lhd C, \quad C \lhd B$

となっています. そこで次の補題が成立します.

**補題 2**　正規空間 $X$ のふたつの部分集合 $A$ と $B$ が $A \lhd B$ をみたすとき，部分集合 $C$ を $A \lhd C \lhd B$ となるようにとれる.

以下の議論ではこの補題 2 をくり返し用います.

さてウリゾーンの補題の証明です. 正規空間 $X$ のふたつの閉部分集合 $E$ と $F$ が $E \cap F = \emptyset$ となるように与えられたとします. $C_0 = E$, $C_1 = X \setminus F$ とすると，$C_0 \subset C_1$ で $C_0$ は閉集合，$C_1$ は開集合なので $C_0 \lhd C_1$ です. そこで補題 2 により $C_0 \lhd C_{1/2} \lhd C_1$ をみたすような集合 $C_{1/2}$ がとれます. 次に $C_0 \lhd C_{1/2} \lhd C_1$ という状況に補題 2 を適用して，集合 $C_{1/4}$ と $C_{3/4}$ を

$$C_0 \lhd C_{1/4} \lhd C_{1/2} \lhd C_{3/4} \lhd C_1$$

となるようにとります.

いま分母が $2^n$ の分数の集合 $S_n = \{0, 1/2^n, 2/2^n, \cdots, (2^n-1)/2^n, 1\}$ の各要素 $s$ に対して $C_s$ がすでに定まっていて

$$C_{(k-1)/2^n} \lhd C_{k/2^n} \qquad (k = 1, 2, \cdots, 2^n)$$

となっていたとすると,補題2により,

$$C_{(k-1)/2^n} \lhd C_{(2k-1)/2^{n+1}} \lhd C_{k/2^n} \qquad (k = 1, 2, \cdots, 2^n)$$

となるように $C_{(2k-1)/2^{n+1}}$ がとれて,分母が $2^{n+1}$ の分数の集合 $S_{n+1}$ の各要素 $s$ に対する $C_s$ が定まります.このことがすべての $n$ について順次なされたとすると,0以上1以下の,分母が2のべき乗であるような有理数全体の集合

$$S = \bigcup_{n=0}^{\infty} S_n$$

のすべての要素 $s$ について $s$ が定まって,

$$s < s' \quad \text{ならば} \quad C_s \lhd C_{s'}$$

という状況になっています.$S$ は閉区間 $[0,1]$ の部分集合であり,しかも $[0,1]$ において稠密です.すなわち,$0 \leqq \alpha < \beta \leqq 1$ をみたす任意の実数 $\alpha$ と $\beta$ に対して

$$\alpha < s < \beta$$

をみたすように $S$ の要素 $s$ がとれます.番号 $n$ を $2^{n-1}(\beta-\alpha) > 1$ となるよう十分大きくとり,$\beta$ より小さい $S_n$ の要素のうち最大のものを $s$ とすればよいのです.

関数 $f\colon X \to [0,1]$ を,$x \in C_1$ のときには $f(x) = \inf\{s \in S \mid x \in C_s\}$ とし $x \notin C_1$ のときは $f(x) = 1$ と定めます.この $f$ が求める条件をみたすことを示しましょう.

定義にあらわれる $\inf$ というのは「最大下界」あるいは「下限」というもので,今回の定義に関していえば,次のことを意味しています.

**補題3** (a) $s \in S$ かつ $x \in C_s$ であれば $f(x) \leqq s$ である.

(b) $f(x) < t$ をみたす任意の実数 $t$ に対してある $s \in S$ が存在して $s < t$ かつ $x \in C_s$ となる.

　まず，すべての $x$ で $0 \leqq f(x) \leqq 1$ であることと，$x \in E\,(= C_0)$ のとき $f(x)$ $= 0$，$x \in F\,(= X \setminus C_1)$ のとき $f(x) = 1$ であることは，$f$ の作り方からすぐにわかるでしょう．ですからあとは $f$ が連続であることを確かめるだけです．

　空間 $X$ の任意の点 $p$ を考えます．以下では $0 < f(p) < 1$ であるものとして議論しますが，$f(p) = 0$ あるいは $f(p) = 1$ のときも議論はほぼ同様です．示すべきことは，任意に与えられた正の数 $\varepsilon$ に対して点 $p$ の近傍 $N$ が存在して

　　　$x \in N$　ならば　$f(p) - \varepsilon < f(x) < f(p) + \varepsilon$

となる，ということです．

　そのために，集合 $S$ の要素 $s'$ と $s''$ を

　　　$f(p) - \varepsilon < s' < f(p) < s'' < f(p) + \varepsilon$

となるようにとりましょう．いま $f(p) < s''$ ということと補題3の(b)から，$S$ のある要素 $s$ について $s < s''$ かつ $p \in C_s$ となります．このとき

　　　$p \in C_s \subset \mathrm{Int}(C_{s''})$

となっています．次に $s' < f(p)$ であることと集合 $S$ の稠密性から，$s' < s < f(p)$ となるように $S$ の要素 $s$ がとれて，補題3の(a)から $p \notin C_s$ となり，$\mathrm{Cl}(C_{s'})$ $\subset C_s$ であることから $p \notin \mathrm{Cl}(C_{s'})$ となっています．そこで

　　　$N = \mathrm{Int}(C_{s''}) \setminus \mathrm{Cl}(C_{s'})$

とすれば，集合 $N$ は $p$ を含む開集合，したがって $p$ の近傍であって，ここまでの議論から $x \in N$ のとき，$x \notin C_{s'}$ かつ $x \in C_{s''}$ なので $s' \leqq f(x) \leqq s''$ となり，したがって

　　　$f(p) - \varepsilon < f(x) < f(p) + \varepsilon$

となるわけです．

## 演習 1

> ゾルゲンフライ平面 $\mathbb{S}^2$ の逆対角線 $A = \{(x, -x) \mid x \in \mathbb{R}\}$ の任意の部分集合 $E \subset A$ を考える。このとき $E$ が $\mathbb{S}^2$ の閉部分集合になることを証明せよ。

ゾルゲンフライ平面 $\mathbb{S}^2$ の任意の点 $p$ をとります。$p \notin E$ のときに $E$ と交わらない $p$ の近傍がとれることを示せば，補集合 $\mathbb{S}^2 \setminus E$ が $\mathbb{S}^2$ の開集合であり，$E$ が $\mathbb{S}^2$ の閉集合であることがわかります。そこで $p = (x, y)$ だったとして，$y > -x$ の場合，$y < -x$ の場合，$y = -x$ で $p \in A$ だけれども $p \notin E$ である場合というみっつの場合を検討します。$y > -x$ の場合，正の数 $\varepsilon$ を $0 < 2\varepsilon < x + y$ となるようにとれば，平面上の正方形

$$U = (x - \varepsilon, x] \times (y - \varepsilon, y] \tag{1}$$

は $p$ の近傍であって $A$ と共通要素をもたないので $U \cap E = \emptyset$ となります。$y < -x$ の場合，どんな正の数 $\varepsilon$ についても (1) で定めた $U$ は $E$ と交わりのない $p$ の近傍となります。最後に $y = -x$ だけれども $p \notin E$ である場合，どんな正の数 $\varepsilon$ についても式 (1) で定めた $U$ と逆対角線 $A$ との共通要素は $p$ だけなので，やはり $U \cap E = \emptyset$ です。

## 演習 2

> 位相空間 $X$ 上の実数値連続関数 $f$ と $g$ に対して集合 $\{x \in X \mid f(x) \neq g(x)\}$ が $X$ の開集合になることを証明し，補題 1（136 ページ）の証明を完成させよ。

位相空間 $X$ 上に実数値連続関数 $f$ と $g$ が与えられたとします。$W = \{x \in X \mid f(x) \neq g(x)\}$ とするとき，$W$ が $X$ の開集合であることを示します。そのためには $p$ を $W$ の任意の要素として，$W$ が $p$ の近傍になることを示せばよいわ

けです．$p \in W$ より $f(p) \neq g(p)$ なので，$|f(p)-g(p)| > 0$ となっています．$\varepsilon = \frac{1}{2}|f(p)-g(p)|$ としましょう．すると $\varepsilon > 0$ です．$f$ と $g$ はいずれも連続関数なので，$p$ の近傍 $U$ と $V$ が存在して，

　　$x \in U$ のとき $|f(x)-f(p)| < \varepsilon$,

　　$x \in V$ のとき $|g(x)-g(p)| < \varepsilon$

となっています．このとき $U \cap V$ も $p$ の近傍で，$x \in U \cap V$ のときは

$$2\varepsilon = |f(p)-g(p)|$$
$$\leqq |f(p)-f(x)|+|f(x)-g(x)|+|g(x)-g(p)|$$
$$< \varepsilon+|f(x)-g(x)|+\varepsilon$$

なので

　　$|f(x)-g(x)| > 0$

すなわち $f(x) \neq g(x)$ となり，$x \in W$ となります．ですから $U \cap V \subset W$ となっているわけで，$U \cap V$ が $p$ の近傍だったので，$W$ も $p$ の近傍となります．これが証明すべきことでした．

　さて，$W$ が開集合であることがわかったので，次に補題 1 を示しましょう．もしもこの $W$ が空でなかったなら，すなわち少なくともひとつの点 $x$ で $f(x) \neq g(x)$ となるなら，$W$ は空でない開集合ですから，$X$ の任意の稠密部分集合 $D$ について $W \cap D \neq \emptyset$ が成立します．これはつまり $D$ に属するある点 $x$ で $f(x) \neq g(x)$ となることを意味します．対偶をとれば，$D$ に属するすべての点 $x$ について $f(x) = g(x)$ であれば，$X$ のすべての点 $x$ で $f(x) = g(x)$ であり，$f = g$ となります．こうして補題 1 が証明されました．

　補題 1 は実数値連続関数についての命題でしたが，ここでこの条件をゆるめて，ハウスドルフ空間 $Y$ へのふたつの連続写像 $f, g\colon X \to Y$ について考えてみましょう．先ほどと同様に $W = \{x \in X \mid f(x) \neq g(x)\}$ とおきます．$p \in W$ だったとすると，$f(p)$ と $g(p)$ はハウスドルフ空間 $Y$ の異なる 2 点なので，$f(p)$ の近傍 $V_f$ と $g(p)$ の近傍 $V_g$ を $V_f \cap V_g = \emptyset$ をみたすようにとれます．すると，$f$ と $g$ の連続性から，$p$ の近傍 $N_f$ と $N_g$ を $N_f \subset f^{-1}(V_f)$, $N_g \subset f^{-1}(V_g)$ となるようにとれて，その共通部分 $N_f \cap N_g$ も $p$ の近傍となりますが，$x \in N_f \cap N_g$ のとき $f(x) \in V_f$, $g(x) \in V_g$ で，$V_f \cap V_g = \emptyset$ だったので $f(x) \neq g(x)$ となります．これは

$N_f \cap N_g \subset W$ を意味します．したがって $W$ は点 $p$ の近傍であり，$p$ は $W$ の任意の要素でしたから，$W$ は $X$ の開集合です．このことから，補題 1 は実数値連続関数に限らず，一般にハウスドルフ空間への連続写像について成立する命題であることがわかります．

## 演習 3

ふたつの完全正則空間の直積が完全正則空間であることを証明せよ．

　空間 $X$ と $Y$ がどちらも完全正則空間であったと仮定して直積 $X \times Y$ が完全正則空間になることを示します．そのために $X \times Y$ の点 $p = (a, b)$ と $X \times Y$ の閉集合 $F$ が与えられていて $p \notin F$ となっていたとします．このとき直積位相の定義から，$X$ の開集合 $U$ と $Y$ の開集合 $V$ を

$$p = (a, b) \in U \times V, \qquad F \cap (U \times V) = \emptyset$$

となるようにとれます．この $U$ と $V$ から $E_X = X \backslash U$ と $E_Y = Y \backslash V$ をつくると，これらはそれぞれ $X$ および $Y$ の閉部分集合で，$a \notin E_X$，$b \notin E_Y$ となっています．いま $X$ も $Y$ も完全正則空間だったので，連続関数 $f_X \colon X \to [0,1]$ と $f_Y \colon Y \to [0,1]$ を

$$f_X(a) = 0, \qquad x \in E_X \text{ のとき } f_X(x) = 1,$$
$$f_Y(b) = 0, \qquad y \in E_Y \text{ のとき } f_Y(y) = 1$$

となるようにとれます．そこで関数 $f \colon X \times Y \to [0,1]$ を

$$f(x, y) = \max\{f_X(x), f_Y(y)\}$$

と定めると，$f$ は連続関数であり，$f(a, b) = 0$ をみたし，また $x \notin U$ または $y \notin V$ のとき $f(x, y) = 1$ なので $(x, y) \in F$ のとき $f(x, y) = 1$ となります．こうして直積 $X \times Y$ が $T_{3\frac{1}{2}}$ 分離公理をみたすことがわかりました．ふたつの $T_1$ 空間の直積がまた $T_1$ 空間になることは確認済みなので（第 6 章参照），$X \times Y$ は完全正則空間です．

　ここではふたつの完全正則空間の直積を考えましたが，より一般に，任意の個

数（無限個でもよい）の完全正則空間の族の直積空間が完全正則空間になることが
わかっています.

# 第10章
# ウリゾーンの距離づけ定理

位相空間が可分であるとは，可算な稠密部分集合をもつこと，また位相空間が第2可算公理をみたすとは，可算な開基をもつことでした．第5章で証明したとおり，可分な距離空間は第2可算公理をみたします．今回のテーマであるウリゾーンの距離づけ定理は，ある意味でその結果の逆を主張するものです．

## ┃ 距離づけ可能な位相空間

位相空間 $(X, \mathcal{O})$ 上に距離関数 $\rho$ があって，距離空間 $(X, \rho)$ の開集合が，もともと空間 $X$ に与えられている開集合すなわち $\mathcal{O}$ のメンバーと一致するとき，位相空間 $(X, \mathcal{O})$ は**距離づけ可能**であるといい，$\rho$ のことを**位相と整合する距離関数**とよびます．

また別の言いかたをすれば，距離づけ可能な位相空間とは，ある距離空間と同相な位相空間のことです．

たとえば実数直線 $\mathbb{R}^1$ やユークリッド平面 $\mathbb{R}^2$ をはじめとするユークリッド空間は，最初から距離関数を用いて開集合が定められているわけですから，もちろん距離づけ可能な位相空間です．同じ理由で，すべての距離空間は，それを位相空間とみたとき距離づけ可能な位相空間になります．

ただし，距離づけ可能な位相空間において，位相と整合する距離関数が一意的に定まるわけではありません．2点以上を含む距離空間においては，開集合系が変わらないように距離をつけ替えることはつねに可能です．実際，距離空間

$(X, \rho)$ において

$$\rho'(x, y) = \frac{\rho(x, y)}{1 + \rho(x, y)}$$

という 2 変数関数を考えると，$\rho'$ は $\rho$ とは異なる距離関数ですが，それらの距離関数で定まる近傍については $0 < \varepsilon < 1$ をみたすすべての実数 $\varepsilon$ について

$$U_\rho(x, \varepsilon) = U_{\rho'}\left(x, \frac{\varepsilon}{1+\varepsilon}\right),$$

$$U_{\rho'}(x, \varepsilon) = U_\rho\left(x, \frac{\varepsilon}{1-\varepsilon}\right)$$

となります．このことから，$(X, \rho')$ と $(X, \rho)$ は同じ開集合系を定めることがわかります．一般に，距離は位相を決めますが，位相は距離を決めないのです．

　各点収束位相をもつ連続関数の空間 $C_p([0,1])$ や，たびたび例にあげているゾルゲンフライ直線 $\mathbb{S}$ などは，距離づけ可能ではない位相空間の例になっています．

　各点が可算な基本近傍系をもつ位相空間のことを，第 1 可算公理をみたす空間といいます（第 5 章参照）．距離空間はすべて第 1 可算公理をみたします．いっぽう，$C_p([0,1])$ は第 1 可算公理をみたしません（第 5 章例 2（70 ページ）参照）．ですから $C_p([0,1])$ と同相な距離空間は存在しません．すなわち，$C_p([0,1])$ は距離づけ可能ではありません．

　また，ゾルゲンフライ直線 $\mathbb{S}$ は可分な空間ですが第 2 可算公理をみたしません（第 5 章 74 ページ参照）．いっぽう，可分な距離空間は第 2 可算公理をみたします．可分であって第 2 可算公理をみたさないというのは，距離空間に関するかぎりありえないので，ゾルゲンフライ直線はどんな距離空間とも同相でなく，したがって距離づけ可能でないのです．

　すべての距離空間は第 1 可算公理をみたします．また距離空間は正規空間です（第 6 章参照）．そこで，第 1 可算公理をみたす正規空間であることは，位相空間が距離づけ可能であるための必要条件です．しかし，ゾルゲンフライ直線の例からわかるとおり，それだけでは十分ではありません．

# 2 ウリゾーンの距離づけ定理

では，どんなときに位相空間は距離づけ可能になるのでしょうか．いろいろな結果が知られていますが，そのなかでも最も基本的なのがウリゾーンの距離づけ定理です．

**定理**（ウリゾーンの距離づけ定理）　第2可算公理をみたす正規空間は距離づけ可能である．

さっそく証明にとりかかりましょう．第2可算公理をみたす正規空間 $X$ があったとします．$X$ は可算な開基 $\mathcal{B}$ をもちます．$\mathcal{B}$ のふたつのメンバーで $\mathrm{Cl}(A) \subset B$ となっているものをペアにして，そういうペア全体の集合を $\mathcal{A}$ とします：

$$\mathcal{A} = \{(A, B) \mid A, B \in \mathcal{B},\ \mathrm{Cl}(A) \subset B\}.$$

この集合 $\mathcal{A}$ の次の性質をあとで用います．

**補題 1**　$X$ の任意の開集合 $U$ の任意の点 $x \in U$ に対して $\mathcal{A}$ に属するペア $(A, B)$ を $x \in A$ かつ $B \subset U$ となるようにとれる．

まず $x \in B \subset U$ となるように開基 $\mathcal{B}$ のメンバー $B$ をとります．補集合 $X \backslash B$ は閉集合で，$x \in B$ なので $x \notin X \backslash B$ です．いま空間が正規空間，したがって正則空間であることから，$x$ と $X \backslash B$ とは互いに交わりのない開集合のペアで分離できます．すなわち開集合 $V$ と $W$ を，$x \in V$, $X \backslash B \subset W$, $V \cap W = \emptyset$ となるようにとれます．このとき $\mathrm{Cl}(V) \cap W = \emptyset$ なので $\mathrm{Cl}(V) \subset B$ となっています．そこで，もう一度開基 $\mathcal{B}$ から $x \in A \subset V$ となるようにメンバー $A$ をとると $x \in A$ かつ $\mathrm{Cl}(A) \subset B$ なので，ペア $(A, B)$ が求めるものになっています．　　（証明終）

さて，いま開基 $\mathcal{B}$ が可算集合だったので $\mathcal{A}$ も可算集合です．そこで $\mathcal{A}$ に属するペア全体に番号をふって

$$(A_1, B_1), (A_2, B_2), \cdots, (A_i, B_i), \cdots$$

と数えあげたとしましょう．各番号 $i$ ごとに，$\mathrm{Cl}(A_i)$ と $X \backslash B_i$ とは交わりのない

閉集合のペアですので，ウリゾーンの補題（第 9 章 132 ページ）によって，$X$ で定義され閉区間 $[0,1]$ に値をとる連続関数 $f_i$ を，$x \in \mathrm{Cl}(A_i)$ のとき $f_i(x) = 0$，$x \in X \backslash B_i$ のとき $f_i(x) = 1$ となるようにとれます．すべての番号 $i$ についてそのような連続関数 $f_i$ をとったとして，

$$\rho(x, y) = \sum_{i=1}^{\infty} \frac{|f_i(x) - f_i(y)|}{2^i}$$

と 2 変数関数 $\rho$ を定めましょう．以下，この $\rho$ が $X$ の位相と整合する距離関数であることを示します．

**演習 1**

> $\rho$ が $X$ における距離関数であることを証明せよ．（$\rho(x, y) \geqq 0$ であること，$\rho(x, x) = 0$ であることや，対称性や三角不等式などは，$\rho(x, y)$ の定めかたから容易にわかる．少しやっかいなのが，$x \neq y$ のとき $\rho(x, y) > 0$ となることである．異なる 2 点 $x$ と $y$ に対して，補題 1 をうまく用いて $x \in A_i$，$y \notin B_i$ となるように $\mathscr{A}$ のメンバー $(A_i, B_i)$ を見つけ，$\rho(x, y) \geqq 2^{-i}$ となることを示せ．）

　**補題 2**　位相空間 $(X, \mathcal{O})$ の任意の開集合 $O$ の任意の点 $p \in O$ に対して，正の数 $\varepsilon$ をうまくとると，距離関数 $\rho$ に関する $p$ の $\varepsilon$-近傍 $U_\rho(p, \varepsilon)$ が $O$ に含まれる．

　補題 1 によって $\mathscr{A}$ に属するペア $(A_i, B_i)$ を $p \in A_i$，$B_i \subset O$ となるようにとりましょう．この番号 $i$ について $\varepsilon = 2^{-i}$ とします．$X$ の点 $x$ が $\rho(x, p) < \varepsilon$ をみたせば，$\rho$ の定義から $|f_i(x) - f_i(p)| < 1$ です．ここで $p \in A_i$ なので $f_i(p) = 0$，したがって $f_i(x) < 1$，したがって $x \in B_i \subset O$ となります．ここで $x$ は $\rho(x, p) < \varepsilon$ をみたす任意の点だったので $U_\rho(p, \varepsilon) \subset O$ です．　　　　　（証明終）

　この補題 2 により，$(X, \mathcal{O})$ の開集合 $O$ と $O$ に属する任意の点 $p$ に対して，距

離空間 $(X, \rho)$ の意味で, $O$ は $p$ の近傍となっています. したがって, $O$ は距離空間 $(X, \rho)$ の意味で開集合になっていることがわかります.

逆に距離空間 $(X, \rho)$ の意味の開集合が $X$ のもとの位相 $\mathcal{O}$ の開集合であることを示すには, 次の補題を示せばよいでしょう.

**補題 3**　距離関数 $\rho$ に関する点 $p$ の $\varepsilon$-近傍 $U_\rho(p, \varepsilon)$ は, 位相空間 $(X, \mathcal{O})$ の意味で, 点 $p$ の近傍である.

番号 $n$ を十分大きく $\dfrac{\varepsilon}{2} \geqq 2^{-n}$ となるようにとりましょう. そして $i = 1, 2, \cdots,$ $n$ に対して点 $p$ の $(X, \mathcal{O})$ の意味での近傍 $U_i$ を $x \in U_i$ のとき $|f_i(x) - f_i(p)| < \dfrac{\varepsilon}{2}$ となるようにとります. $f_i$ は $(X, \mathcal{O})$ の意味で連続関数なのでこれは可能です. これらの共通部分 $U_1 \cap U_2 \cap \cdots \cap U_n$ を $U$ とすると $U$ も $(X, \mathcal{O})$ の意味で点 $p$ の近傍です. $x \in U$ のとき

$$
\begin{aligned}
\rho(x, p) &= \sum_{i=1}^{n} \frac{|f_i(x) - f_i(p)|}{2^i} + \sum_{i=n+1}^{\infty} \frac{|f_i(x) - f_i(p)|}{2^i} \\
&< \frac{\varepsilon}{2} \cdot \left( \frac{1}{2} + \frac{1}{2^2} + \cdots + \frac{1}{2^n} \right) + \sum_{i=n+1}^{\infty} \frac{1}{2^i} \\
&< \frac{\varepsilon}{2} + \frac{1}{2^n} < \varepsilon
\end{aligned}
$$

となるので $x \in U_\rho(p, \varepsilon)$ です. ここで $x$ は $U$ の任意の点だったので $U \subset U_\rho(p, \varepsilon)$ となります. $U$ は点 $p$ の $(X, \mathcal{O})$ の意味での近傍だったので $U_\rho(p, \varepsilon)$ も点 $p$ の $(X, \mathcal{O})$ の意味での近傍ということになります. これが示すべきことでした.

(証明終)

こうして $U_\rho(p, \varepsilon)$ が $(X, \mathcal{O})$ の意味で $p$ の近傍であるとわかりました. いま, $X$ の部分集合 $E$ が距離空間 $(X, \rho)$ の意味で開集合だったとすると, その任意の要素 $p \in E$ に対してある正の数 $\varepsilon$ が $U_\rho(p, \varepsilon) \subset E$ となるようにとれます. ところが $U_\rho(p, \varepsilon)$ は補題 3 で示したとおり $(X, \mathcal{O})$ の意味での $p$ の近傍なので, $E$ もまた $(X, \mathcal{O})$ の意味で $p$ の近傍ということになります. いま $p$ は $E$ の任意の要素だったのですから, $E$ は $(X, \mathcal{O})$ の意味で開集合です. これで, 位相空間 $(X, \mathcal{O})$

の意味での開集合と距離空間 $(X, \rho)$ の意味での開集合が，全体として一致することがわかりました．

# 3 ヒルベルト立方体

さきほどの証明では，第 2 可算公理をみたす正規空間 $X$ 上で，閉区間 $[0,1]$ に値をとる関数 $f_i(x)$ を可算個定めて，それをもとに距離関数 $\rho$ を定義したのでした．これは，空間 $X$ の点 $x$ に対して閉区間 $[0,1]$ 上の実数の数列 $(f_1(x), f_2(x), \cdots)$ を対応させたことになっています．

そこでいま閉区間 $[0,1]$ の可算無限個のコピーの直積空間を考えてみましょう．

$$\mathbb{H} = [0,1]^{\mathbb{N}} = [0,1] \times [0,1] \times \cdots$$

この直積空間のことを**ヒルベルト立方体**とよびます．$\mathbb{H}$ の要素は 0 以上 1 以下の実数ばかりからなる数列，いいかえれば自然数の全体 $\mathbb{N}$ から閉区間への写像 $\alpha\colon \mathbb{N} \to [0,1]$ です．$\mathbb{H}$ のふたつの要素 $\alpha$ と $\beta$ の間の距離 $d_{\mathbb{H}}(\alpha, \beta)$ を

$$d_{\mathbb{H}}(\alpha, \beta) = \sum_{i=1}^{\infty} \frac{|\alpha(i) - \beta(i)|}{2^i}$$

と定めることにより，$\mathbb{H}$ はコンパクトな距離空間になり，この距離空間の位相が区間のコピーの直積空間としての位相に一致します．

前節のウリゾーンの距離づけ定理の証明では，第 2 可算公理をみたす正規空間 $X$ において定義された連続関数 $f_i$ $(i = 1, 2, \cdots)$ を与えました．この連続関数を用いれば，$X$ からヒルベルト立方体 $\mathbb{H}$ への写像 $F\colon X \to \mathbb{H}$ を

$$(F(x))(i) = f_i(x) \qquad (i = 1, 2, \cdots)$$

によって定められます．そうすると，距離関数 $\rho(x, y)$ は

$$\rho(x, y) = d_{\mathbb{H}}(F(x), F(y))$$

で与えられることになります．この距離関数 $\rho$ が定める開集合系が $X$ のもともとの開集合系と一致するのですから，第 2 可算公理をみたす正規空間 $X$ は，ヒルベルト立方体 $\mathbb{H}$ の部分集合 $F(X)$ と同相であることが示されたわけです．逆に，ヒルベルト立方体およびその部分集合は可分な距離空間ですから，とりもなおさず，第 2 可算公理をみたす正規空間になっています．こうして

- 第2可算公理をみたす正規空間であること，
- 可分な距離空間と同相であること，
- ヒルベルト立方体 $\mathbb{H}$ の部分空間と同相であること

が，互いに同値であることがわかりました．この結果の面白いところは，$T_1$ 分離公理，$T_4$ 分離公理，第2可算公理と，位相空間に対する抽象的な条件を積み重ねてゆくことで，可算個の閉区間の直積であるヒルベルト立方体 $\mathbb{H}$ という具体的な表示にたどりつくところです．位相空間の距離づけ可能性の必要十分条件を与える，強力な距離づけ定理もいくつか知られていますが，ウリゾーンの距離づけ定理の場合は，このように抽象から具体へと戻る道が示されたところに，その妙味があるといえるでしょう．

## 演習 2

ヒルベルト立方体 $\mathbb{H}$ の任意の点列

$$\alpha_1, \alpha_2, \cdots, \alpha_n, \cdots$$

が距離 $d_{\mathbb{H}}$ の意味で収束する部分列を含むことを証明せよ．（閉区間における
ボルツァーノ–ワイヤストラスの定理を利用して，まず第1成分のなす数列
$\{\alpha_{n_{1,k}}(1)\}$ が収束数列になるように部分列 $\{\alpha_{n_{1,k}}\}$ を選び，第2成分のなす数
列 $\{\alpha_{n_{2,k}}(2)\}$ が収束数列になるように $\{\alpha_{n_{1,k}}\}$ の部分列 $\{\alpha_{n_{2,k}}\}$ を選び，さらに
第3成分の数列 $\{\alpha_{n_{3,k}}(3)\}$ が収束数列になるように $\{\alpha_{n_{2,k}}\}$ の部分列 $\{\alpha_{n_{3,k}}\}$ を
選び，以下同様に次々と部分列を抜き出してゆくことができる．すべての $i$
について部分列 $\{\alpha_{n_{i,k}}\}$ を選んだなら，最後にその対角線をとった列 $\{\alpha_{n_{k,k}}\}$ を
考え，これが距離関数 $d_{\mathbb{H}}$ の意味で収束列になっていることを示せ．）

# 4 リンデレーフ空間

ウリゾーンの距離づけ定理における，第2可算公理をみたす正規空間という条

件は，少しだけ緩和することができます．そのことを証明するために，リンデレーフ空間について説明します．

　第 8 章でコンパクト位相空間の開被覆による特徴づけを与えました（第 8 章定理 5, 123 ページ）．位相空間 $X$ がコンパクトであるとは，$X$ のどんな開被覆からも，うまく有限個のメンバーをぬきだして，それらだけで $X$ を覆ってしまえる，ということでした．この「有限個」を「高々可算個」に弱めた条件をみたす位相空間を，リンデレーフ空間というのです．

　**定義**　位相空間 $X$ が**リンデレーフ空間**であるとは，$X$ の任意の開被覆から，高々可算個のメンバーをぬきだして，それらだけで $X$ を覆えること，すなわち任意の開被覆が可算部分被覆をもつことをいう．

　この定義により，コンパクト位相空間はすべてリンデレーフ空間です．また，ユークリッド空間 $\mathbb{R}^n$ のような，可分な距離空間もリンデレーフ空間になります．このことは直接証明もできますが，可分な距離空間は第 2 可算公理をみたすので，次の演習問題のように第 2 可算公理に帰着させるほうが簡単でしょう．

　**定理**　第 2 可算公理をみたす位相空間はリンデレーフ空間である．

　$X$ を第 2 可算公理をみたす位相空間とし，可算な開基 $\mathcal{B} = \{B_1, B_2, \cdots, B_n, \cdots\}$ を考えます．$X$ の任意の開被覆 $\mathcal{U}$ が与えられたとしましょう．これに対して $C = \{n \in \mathbb{N} \mid$ ある $U \in \mathcal{U}$ について $B_n \subset U\}$ と定めます．$p$ を $X$ の任意の点とするとき，$\mathcal{U}$ が開被覆であることから，ある $U \in \mathcal{U}$ について $p \in U$ となっています．$\mathcal{B}$ が開基であることから，ある $B_n$ について $p \in B_n \subset U$ が成立します．このときの番号 $n$ は集合 $C$ に属するので，$p \in \bigcup_{n \in C} B_n$ です．いま $p$ は $X$ の任意の点だったので，これは $X = \bigcup_{n \in C} B_n$ であることを意味します．そこで，各 $n \in C$ に対して，$U \in \mathcal{U}$ かつ $B_n \subset U$ となるような $U$ をひとつ選んでそれを $U_n$ とすれば，その全体 $\{U_n \mid n \in C\}$ が $\mathcal{U}$ の可算な部分被覆になります．　　　　（証明終）

## 演習 3

> 距離空間 $(X, \rho)$ は，リンデレーフ空間であれば第 2 可算公理をみたす．このことを証明せよ．（$n = 1, 2, 3, \cdots$ に対して $X$ を高々可算個の $1/n$-近傍で覆ってみよ．）

　いっぽう，ゾルゲンフライ直線 $\mathbb{S}$ は第 2 可算公理をみたしませんが，リンデレーフ空間の例になっています．このことを証明しましょう．

　$\mathbb{S}$ の開被覆 $\{U_\lambda \mid \lambda \in \Lambda\}$ が与えられたとします．各 $U_\lambda$ の，ユークリッド位相の意味での内部を $V_\lambda$ とし，その和集合を $V = \bigcup_{\lambda \in \Lambda} V_\lambda$ とします．すると，第 2 可算公理をみたす空間がリンデレーフ空間であることを示した前定理の要領で，$\Lambda$ の可算部分集合 $\Lambda_0$ を $V = \bigcup_{\lambda \in \Lambda_0} V_\lambda$ となるようにとれます．次に補集合 $E = \mathbb{S} \setminus V$ を考えましょう．$x \in E$ のとき，ある添字 $\lambda_x \in \Lambda$ とある自然数 $n_x \in \mathbb{N}$ を

$$\left( x - \frac{1}{n_x}, x \right] \subset U_{\lambda_x}$$

となるようにとれます．各自然数 $n$ に対して，$n_x = n$ であるような $x \in E$ の全体を $E_n$ と書くことにしましょう．すると，$x, y \in E_n$ かつ $y < x$ のとき $x - y \geqq 1/n$ となります．なぜならそうでないとすると $x - 1/n_x < y < x$ より $y \in V_{\lambda_x} \subset V$ となって $y \in E$ に矛盾するからです．$E_n$ は各要素が $1/n$ 以上の距離をおいて離れて存在しているような集合なので，高々可算集合になります．$E = \bigcup_{n \in \mathbb{N}} E_n$ なので，$E$ も高々可算集合です．そこで $\Lambda$ の可算部分集合 $\Lambda_1$ を $E \subset \bigcup_{\lambda \in \Lambda_1} U_\lambda$ となるようにとれます．$\Lambda_2 = \Lambda_0 \cup \Lambda_1$ としましょう．すると $\Lambda_2$ は $\Lambda$ の可算部分集合で，$\mathbb{S} = \bigcup_{\lambda \in \Lambda_2} U_\lambda$ となります．　　　　　　（証明終）

　いっぽう，ふたつのゾルゲンフライ直線の直積であるゾルゲンフライ平面 $\mathbb{S}^2$ はリンデレーフ空間になりません．逆対角線 $A = \{(x, -x) \mid x \in \mathbb{S}\}$ の補集合 $\mathbb{S}^2 \setminus A$ と，半開区間の積 $(x-1, x] \times (-x-1, -x]$ の $x \in \mathbb{S}$ にわたる全体でつくる $\mathbb{S}^2$ の開被覆は，どのメンバーを欠いても $\mathbb{S}^2$ 全体を覆えないので，可算部分被

覆をもちません.

　コンパクト性とは違って, リンデレーフ空間であることは必ずしも直積で保たれない性質なのです.

　さて, ここで示したいのは次の定理です.

　**定理**　正則なリンデレーフ空間は正規である.

　正則なリンデレーフ空間 $X$ において, 互いに交わりのないふたつの閉集合 $A$ と $B$ が与えられたとします. この $A$ と $B$ を互いに交わりのない開集合のペアで分離できることを示しましょう. $A$ に属する各点 $a$ について, $a \notin B$ なので, 正則性から開集合 $U(a)$ と $U'(a)$ とを
$$a \in U(a), \quad B \subset U'(a), \quad U(a) \cap U'(a) = \emptyset$$
となるようにとれます. 同様に, $B$ に属する各点 $b$ に対して, 開集合 $V(b)$ と $V'(b)$ とを
$$b \in V(b), \quad A \subset V'(b), \quad V(b) \cap V'(b) = \emptyset$$
となるようにとれます. いま空間 $X$ がリンデレーフで $A$ と $B$ が閉集合なので, 可算個の点 $a_n \in A$ と $b_m \in B$ をとって, $A \subset \bigcup_n U(a_n)$, $B \subset \bigcup_m V(b_m)$ と覆うことができます. ここで
$$U_n = U(a_n) \setminus \bigcup_{m \le n} \mathrm{Cl}(V(b_m)),$$
$$V_m = V(b_n) \setminus \bigcup_{n \le m} \mathrm{Cl}(U(a_n))$$
としましょう. $m \le n$ のとき $U_n \cap V(b_m) = \emptyset$ であるいっぽう $n \le m$ のときは $V_m \cap U(a_n) = \emptyset$ であることから, つねに $U_n \cap V_m = \emptyset$ となっています. そこで, $U = \bigcup_n U_n$, $V = \bigcup_m V_m$ とすると, $U \cap V = \emptyset$ で, $U$ と $V$ は開集合です. $A$ の任意の点 $a$ に対し $a \in U(a_n)$ となる番号 $n$ がとれます. 任意の番号 $m$ について $A \subset V'(b_m)$ かつ $V'(b_m) \cap V(b_m) = \emptyset$ なので $A \subset \mathrm{Cl}(V(b_m))$ で, したがって $a \in U(a_n) \setminus \bigcup_{m \le n} \mathrm{Cl}(V(b_m)) = U_n \subset U$ です. これは $A \subset U$ を意味します. 同様に $B \subset V$ がいえて, $U$ と $V$ が $A$ と $B$ を分離する開集合のペアになっています.

（証明終）

こうして，第2可算公理をみたす正則空間は正規空間であり，ウリゾーンの距離づけ定理によって距離づけ可能であり，ヒルベルト立方体の部分集合と同相になるのです．

# 演習

## 演習 1

149 ページで定義された $\rho$ が $X$ における距離関数であることを証明せよ.

　$\rho(x,y) \geqq 0$ であること, $\rho(x,x) = 0$ であることや, 対称性や三角不等式など
は, $\rho(x,y)$ の定めかたから容易にわかるでしょう. 問題は $x \neq y$ のとき $\rho(x,y)$
$> 0$ となることです. 異なる 2 点 $x$ と $y$ が与えられたとします. $T_1$ 分離公理に
より, $x \in U$ かつ $y \notin U$ をみたす開集合 $U$ が存在します. この $x$ と $U$ に対して,
$\mathcal{A}$ に属するペア $(A,B)$ を $x \in A$, $B \subset U$ となるようにとりましょう. このよう
なペア $(A,B) \in \mathcal{A}$ がとれることは補題 1 において証明してありました. このペ
アが $(A_i, B_i)$ だったとすると, $x \in A_i$ なので $f_i(x) = 0$ であり, $y \notin U$ かつ $B_i \subset$
$U$ より $y \notin B_i$ なので $f_i(y) = 1$ となります. そこで $\rho(x,y) \geqq |f_i(x) - f_i(y)|/2^i$
$= 2^{-i} > 0$ となるわけです. (証明終)

　ヒルベルト立方体 $\mathbb{H}$ は 0 以上 1 以下の実数の無限列全体の集合で, そのふたつ
の要素 $\alpha$ と $\beta$ の間の距離 $d_\mathbb{H}(\alpha, \beta)$ は

$$d_\mathbb{H}(\alpha, \beta) = \sum_{i=1}^{\infty} \frac{|\alpha(i) - \beta(i)|}{2^i}$$

と定義されました.

## 演習 2

ヒルベルト立方体 $\mathbb{H}$ の任意の点列
　　$\alpha_1, \alpha_2, \cdots, \alpha_n, \cdots$
が距離 $d_\mathbb{H}$ の意味で収束する部分列を含むことを証明せよ.

ボルツァーノ–ワイヤストラスの定理（第8章参照）を思い出しましょう．実数の有界な数列は収束する部分列を含むのでした．いま，ヒルベルト立方体 $\mathbb{H}$ の点列 $\{\alpha_n\}_{n=1}^{\infty}$ に対して，各項の第1成分の列 $\{\alpha_n(1)\}_{n=1}^{\infty}$ は0以上1以下の実数の列ですから，ボルツァーノ–ワイヤストラスの定理によって収束する部分列をもちます．そこで，$\mathbb{H}$ の点列 $\{\alpha_n\}_{n=1}^{\infty}$ の部分列 $\{\alpha_{1,n}\}_{n=1}^{\infty}$ を，第1成分の列 $\{\alpha_{1,n}(1)\}_{n=1}^{\infty}$ が収束するようにとりましょう．この部分列 $\{\alpha_{1,n}\}_{n=1}^{\infty}$ の第2成分の列 $\{\alpha_{1,n}(2)\}_{n=1}^{\infty}$ も0以上1以下の実数の列なので収束する部分列をもちます．そこで，$\{\alpha_{1,n}\}_{n=1}^{\infty}$ の部分列 $\{\alpha_{2,n}\}_{n=1}^{\infty}$ を，第2成分の列 $\{\alpha_{2,n}(2)\}_{n=1}^{\infty}$ が収束するようにとりましょう．このとき，第1成分の列 $\{\alpha_{2,n}(1)\}_{n=1}^{\infty}$ も収束列になっています．というのも，これは $\{\alpha_{1,n}(1)\}_{n=1}^{\infty}$ の部分列だからです．以下同様にして，部分列 $\{\alpha_{i,n}\}_{n=1}^{\infty}$ の部分列 $\{\alpha_{i+1,n}\}_{n=1}^{\infty}$ を，第 $i+1$ 成分の実数列 $\{\alpha_{i+1,n}(i+1)\}_{n=1}^{\infty}$ が収束するように選びます．こうして各 $i$ について $\{\alpha_{i,n}\}_{n=1}^{\infty}$ が得られたとします：

$$
\begin{array}{cccc}
\alpha_1 & \alpha_2 & \cdots & \alpha_n & \cdots \\
\alpha_{1,1} & \alpha_{1,2} & \cdots & \alpha_{1,n} & \cdots \\
\alpha_{2,1} & \alpha_{2,2} & \cdots & \alpha_{2,n} & \cdots \\
\vdots & \vdots & \ddots & \vdots & \\
\alpha_{i,1} & \alpha_{i,2} & \cdots & \alpha_{i,n} & \cdots \\
\vdots & \vdots & & \vdots &
\end{array}
$$

この配列の各行はそれより上の行の部分列になっています．各 $i$ について，収束する実数列 $\{\alpha_{i,n}(i)\}_{n=1}^{\infty}$ の極限値を $\beta(i)$ とすれば，$0 \leqq \beta(i) \leqq 1$ なので，$\beta$ は $\mathbb{H}$ の要素になります．ここで二重列 $\{\alpha_{i,n}\}_{i,n=1}^{\infty}$ の対角線をとって，点列 $\{\alpha_{n,n}\}_{n=1}^{\infty}$ を考えます．この点列が $\beta$ に収束することを示しましょう．そのために，正の数 $\varepsilon$ が任意に与えられたとします．番号 $I$ を $2^I \geqq 1/\varepsilon$ となるようにとります．次に，数列 $\{\alpha_{i,n}(i)\}_{n=1}^{\infty}$ が実数 $\beta(i)$ に収束することを利用して，番号 $N$ を，$n \geqq N$ のとき $i = 1, 2, \cdots, I$ に対して $|\alpha_{i,n}(i) - \beta(i)| < \varepsilon/(2I)$ となるようにとりましょう．必要ならば $N$ をとりなおして，$N \geqq I$ となるようにしておきます．順次部分列をとって作られた二重列の対角線であることから，$n \geqq i$ のとき $\alpha_{n,n}(i)$ はある $k \geqq n$ についての $\alpha_{i,k}(i)$ になっています．そこで，$n \geqq N$ のとき $i = 1, 2, \cdots, I$ について $|\alpha_{n,n}(i) - \beta(i)| < \varepsilon/(2I)$ であり，

$$
d_{\mathbb{H}}(\alpha_{n,n}, \beta) = \sum_{i=1}^{I} \frac{|\alpha_{n,n}(i) - \beta(i)|}{2^i} + \sum_{i=I+1}^{\infty} \frac{|\alpha_{n,n}(i) - \beta(i)|}{2^i}
$$

$$< I \cdot \frac{\varepsilon}{2I} + \sum_{i=I+1}^{\infty} \frac{1}{2^i}$$

$$< \frac{\varepsilon}{2} + \frac{1}{2^I} < \varepsilon$$

となります. このことから部分列 $\{a_{n,n}\}_{n=1}^{\infty}$ が点 $\beta$ に収束することがわかります.

（証明終）

次々と部分列を抜き出していって最後に対角線をとるこの論法は, 複素関数論で重要なアルツェラ–アスコリの定理の証明のキモの部分をとり出したものです.

## 演習 3

距離空間 $(X,\rho)$ は, リンデレーフ空間であれば第2可算公理をみたす. このことを証明せよ.

各番号 $n = 1, 2, \cdots$ に対して $\mathcal{U}_n$ を $X$ の各点の $1/n$-近傍全体のなす集合族とします:

$$\mathcal{U}_n = \{U_\rho(x, 1/n) \mid x \in X\}$$

すると各 $\mathcal{U}_n$ は $X$ の開被覆になっています. いま距離空間 $(X,\rho)$ は仮定によりリンデレーフ空間なので, 開被覆 $\mathcal{U}_n$ から可算な部分被覆 $\mathcal{B}_n$ を抜きだすことができます. これら $\mathcal{B}_n$ 全体の和集合を $\mathcal{B}$ としましょう:

$$\mathcal{B} = \bigcup_{n=1}^{\infty} \mathcal{B}_n$$

この $\mathcal{B}$ も可算個の開集合からなる集合族です. $\mathcal{B}$ が開基になることを示すために, 任意の開集合 $O$ と, $O$ に属する点 $p$ が与えられたとします. 距離空間における開集合系の定義から, このとき正の数 $\varepsilon$ を

$$U_\rho(p, \varepsilon) \subset O$$

となるようにとれます. これに対して番号 $n$ を $n \geqq 1/\varepsilon$ となるように選びましょう. $\mathcal{B}_{2n}$ は $X$ の開被覆なので $p \in B \in \mathcal{B}_{2n}$ となるように集合 $B$ がとれます. いっぽう $\mathcal{B}_{2n}$ は $\mathcal{U}_{2n}$ の部分族なので, この $B$ もある点 $x$ の $1/(2n)$-近傍になってい

るはずです：

$$p \in B = U_\rho(x, 1/(2n))$$

さて，$B$ に属する任意の点 $y$ について $U_\rho(x, 1/(2n))$ の定義から $\rho(x, y) < 1/(2n)$ です．また $\rho(x, p) < 1/(2n)$ でもあります．そこで距離の対称性と三角不等式により $\rho(p, y) < 1/n$ となり $y \in U_\rho(p, 1/n) \subset U_\rho(p, \varepsilon) \subset O$ となります．ここで $y$ は $B$ の任意の要素だったので $B \subset O$ です．こうして，任意の開集合 $O$ の任意の点 $p$ に対して，$\mathcal{B}$ のメンバー $B$ を $p \in B \subset O$ をみたすようにとれたので，$\mathcal{B}$ が開基であることがわかりました．　　　　　　　　　　（証明終）

# チコノフの定理とコンパクト化

実数 $t$ に対して平面 $\mathbb{R}^2$ 上の点 $(x, y)$ を

$$
\begin{cases}
x = \dfrac{1-t^2}{1+t^2} \\
y = \dfrac{2t}{1+t^2}
\end{cases}
$$

で対応させれば，$x^2 + y^2 = 1$ をみたすので，直線 $\mathbb{R}^1$ から単位円周 $S: x^2 + y^2 = 1$ への写像 $h$ が得られます．この写像は連続です．逆に $x^2 + y^2 = 1$ と $x \neq -1$ をみたす平面上の点 $(x, y)$ から

$$
t = \frac{y}{1+x}
$$

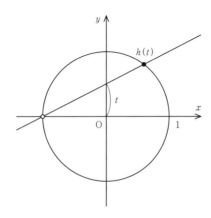

で実数 $t$ を定めれば $S \backslash \{(-1, 0)\}$ から $\mathbb{R}^1$ への連続写像が得られ，これがちょうど上の $h$ の逆写像になっています．ですから，数直線 $\mathbb{R}^1$ は，円周 $S$ から 1 点だけ取り除いた残りの部分空間と同相です．

同様にして，平面 $\mathbb{R}^2$ が球面から 1 点を取り除いた残りの部分空間と同相であることを示せ．（上の図は直線と円周への写像 $h(t)$ の概念図である．この図の発想を活かし，うまく次元をひとつ上げて，平面から球面への写像を考えよ．）

# ▌局所コンパクト空間

数直線 $\mathbb{R}^1$ や平面 $\mathbb{R}^2$ には，各点がコンパクトな近傍をもつ，という特徴があります．数直線では点 $p$ に対して閉区間 $[p-\varepsilon, p+\varepsilon]$ がそのような近傍です．平面では点 $p$ に対して $p$ を中心とする半径 $r$ の円周とその内部を考えれば $p$ のコンパクトな近傍になっています．このように各点がコンパクトな近傍をもつ位相空間のことを**局所コンパクト空間**といいます．

ですから，自明な例として，コンパクトな位相空間は局所コンパクト空間でもあります．いっぽう，数直線や平面はコンパクトでない局所コンパクト空間の例になっているわけです．より高い次元のユークリッド空間 $\mathbb{R}^3, \mathbb{R}^4, \cdots$ も同様です．ユークリッド空間のほかに離散位相空間も局所コンパクト空間の例になっています．というのも，離散位相空間 $X$ ではどの点 $p \in X$ についても $\{p\}$ が $p$ の近傍であり，$\{p\}$ は $X$ のコンパクト部分集合だからです．

コンパクト・ハウスドルフ空間 $X$ から 1 点 $q$ を取り除いた残りの部分空間 $X \backslash \{q\}$ は局所コンパクト空間になっています．$X \backslash \{q\}$ の任意の点 $p$ について $p \neq q$ より $X$ において開集合 $U$ と $V$ を $p \in U$, $q \in V$, $U \cap V \neq \emptyset$ と互いに交わりのないようにとれます．このとき補集合 $X \backslash V$ は $X \backslash \{q\}$ に含まれ，$X$ の閉集合だからコンパクトで，$U$ を含むから $p$ の近傍です．ですから $X \backslash \{q\}$ の任意の点

$p$ は $X \setminus \{q\}$ に含まれるコンパクトな近傍をもつわけで，これは $X \setminus \{q\}$ が局所コンパクト空間であることを意味しています．

## ●局所コンパクト空間の 1 点コンパクト化

次に，すべての局所コンパクト・ハウスドルフ空間が，このようにコンパクト・ハウスドルフ空間から 1 点を取り除いた残りの部分空間と同相になることを示します．

局所コンパクト・ハウスドルフ空間 $X$ が任意に与えられたとします．$X$ の部分集合族 $\mathcal{F}$ を次のように定めましょう：$A \in \mathcal{F}$ となるのは，$X$ のコンパクト部分集合 $C$ が存在して $X \setminus C \subset A$ となるときである．このとき $\mathcal{F}$ は $X$ 上のフィルターの条件を，ただひとつ $\emptyset \notin \mathcal{F}$ を除いてすべてみたします．そして，$\emptyset \notin \mathcal{F}$ となるには $X$ 自身がコンパクト空間でないことが必要かつ十分であることに注意しましょう．

ここで $X$ に属しない新しい点 $q$ を用意し，$X' = X \cup \{q\}$ と定めます．そして $\mathcal{F}' = \{A \cup \{q\} \mid A \in \mathcal{F}\}$ とすれば，$\mathcal{F}'$ は，今度は正真正銘，$X'$ 上のフィルターです．集合 $X'$ において，$q$ の近傍とは $\mathcal{F}'$ に属する集合のこと，$q$ と異なる $p$ の近傍とは $X$ における $p$ の近傍あるいはそれを含む集合のこと，と定めて $X'$ に位相を入れます．本来ならここで，このように定めた $X'$ の各点の近傍フィルターが本当に近傍フィルターの条件をみたしていることの検証が必要ですが，決まりきった確認だけですので，読者にお任せします．

このように位相を与えられた $X'$ が，$X$ を部分空間として含むコンパクト・ハウスドルフ空間になることを確かめましょう．

まず $X'$ から $q$ を取り除いて残りの $X$ を考えたとき，$X'$ からの相対位相が $X$ のもともとの位相と一致することを確認せねばなりません．これは簡単で，$X$ に属する任意の点 $p$ の $X'$ における近傍とは $X$ における近傍またはそれを含む集合のことだと定めたので，$X'$ からの相対位相での近傍が $X$ にもともと与えられていた位相の意味での近傍と一致することは明らかです．

次に $X'$ がハウスドルフ空間になることですが，これはふたつの点 $x$ と $y$ がどちらも $X$ に属するなら $X$ において $x$ と $y$ を分離する交わりのない近傍のペアを考えればよいし，そうでない場合，たとえば $y = q$ の場合には，$X$ における $x$ の

コンパクトな近傍 $C$ を考え，$q$ の近傍としてはその補集合 $X' \backslash C$ を考えれば交わりのない近傍のペアで分離できます．

最後に $X'$ がコンパクト空間であることです．これには $X'$ における任意の超フィルターが $X'$ の点に収束することを確認すればよいのでした（第 8 章参照）．そこで $\mathcal{U}$ を $X'$ 上の超フィルターとしましょう．$\mathcal{U}$ は $X$ のコンパクト部分集合を少なくともひとつ含むか，あるいはひとつも含まないかのどちらかです．$X$ のコンパクト部分集合 $C$ が $\mathcal{U}$ に含まれたとしましょう．すると $\mathcal{U} \mid C = \{A \in \mathcal{U} \mid A \subset C\}$ が $C$ 上の超フィルターになります．いま $C$ はコンパクト部分集合なので，$C$ への相対位相の意味で，超フィルター $\mathcal{U} \mid C$ は $C$ のある点 $p$ に収束します．このとき $X'$ の位相の意味で $\mathcal{U}$ が $p$ に収束します．というのは，$X'$ における $p$ の任意の近傍 $N$ について，相対位相の定義から $N \cap C$ は $C$ における $p$ の近傍なので，フィルターの収束の定義から $N \cap C \in \mathcal{U} \mid C$，したがって $N \in \mathcal{U}$ となるからです．いっぽう，$X$ のコンパクト部分集合がひとつも $\mathcal{U}$ に含まれなかったとすると，超フィルターの性質から，$\mathcal{U}$ は $X$ のコンパクト部分集合の $X'$ における補集合をすべて含むことになりますが，これは $\mathcal{F}' \subset \mathcal{U}$ であることを意味しますから，$\mathcal{U}$ は点 $q$ に収束することになるわけです．

こうして次の定理が証明されました．

**定理**（アレクサンドロフの 1 点コンパクト化）　ハウスドルフ空間 $X$ が局所コンパクトであるためには，あるコンパクト・ハウスドルフ空間 $X'$ とその 1 点 $q$ が存在して，部分空間 $X' \backslash \{q\}$ が $X$ と同相になることが必要かつ十分である．

局所コンパクト・ハウスドルフ空間 $X$ に対してこのようなコンパクト・ハウスドルフ空間 $X'$ は同相の意味で一意的に定まります．この一意的な $X'$ のことを $X$ の **1 点コンパクト化** とよびます．たとえば，最初に述べたように，数直線 $\mathbb{R}^1$ の 1 点コンパクト化は円周であり，演習 1 の結果によれば，平面 $\mathbb{R}^2$ の 1 点コンパクト化は球面です．

**演習 2**

> コンパクト・ハウスドルフ空間の開部分集合は，部分空間として局所コンパクト空間である．このことを証明せよ．（コンパクト・ハウスドルフ空間が正則空間であったことを思い出そう（129 ページ参照）．$K$ がコンパクト・ハウスドルフ空間で $E$ がその開部分集合だったとする．$K \setminus E$ は $K$ の閉部分集合なのでコンパクトである．$E$ の各点 $p$ はコンパクト部分集合 $K \setminus E$ に含まれないので，$K$ において開集合 $U$ と $V$ を $p \in U$, $K \setminus E \subset V$, $U \cap V = \emptyset$ となるようにとれる．）

# 2 コンパクト化と完全正則空間

　一般に位相空間 $X$ から位相空間 $Y$ への写像 $h: X \to Y$ が，$X$ とその像 $h[X]$ との間の同相写像になっているとき，写像 $h$ は $X$ の $Y$ への**埋め込み写像**とよばれます．この稿の最初に述べた数直線 $\mathbb{R}^1$ から円周 $S$ への写像は直線の円周への埋め込み写像の例です．写像 $h: X \to Y$ が埋め込み写像であるためには次の条件 (i)-(iii) をみたす必要があり，またそれが十分です．

- （i）単射であること．
- （ii）連続であること，すなわち，$X$ の任意の点 $p$ の値 $h(p)$ の任意の近傍 $N$ に対して $p$ の近傍 $U$ が存在して $h[U] \subset N$ となること．
- （iii）**逆連続**であること，すなわち，$X$ の任意の点 $p$ の任意の近傍 $U$ に対して $h(p)$ の近傍 $N$ が存在して $N \cap h[X] \subset h[U]$ となること．

この逆連続という条件は初めて出てきましたが，連続な単射 $h: X \to Y$ のターゲットを像 $h[X]$ に制限して逆写像 $h^{-1}: h[X] \to X$ を考えたときに，それが連続写像になるという条件を近傍の言葉で書き表したものです．ともあれ，$X$ から $Y$ の部分空間への同相写像を $Y$ への写像とみたものが埋め込み写像というわけです．

さて前節で構成した局所コンパクト空間の1点コンパクト化は次に定義する一般的な意味でのコンパクト化の特別な場合になっています.

　　**定義**　位相空間 $X$ から $Y$ への写像 $h: X \to Y$ が $X$ の**コンパクト化**であるとは,

　　　(1) $h$ が埋め込み写像であること,
　　　(2) $Y$ がコンパクト・ハウスドルフ空間であること,
　　　(3) 像 $h[X]$ が $Y$ の稠密部分集合であること,

　という条件が成立していることをいう.

　いま $h: X \to Y$ が $X$ のコンパクト化であれば, $X$ の各点を写像 $h$ を介して $h[X]$ の点と同一視することにより, $X$ は $Y$ というコンパクト・ハウスドルフ空間の稠密な部分空間とみなすことができます. いま条件(2)より $Y$ はコンパクト・ハウスドルフ空間なので正規空間です. 一般に正規空間の部分空間は正規空間とは限らないので, その部分空間と同相な $X$ も正規空間とは限りません. いっぽう, 正規空間は完全正則空間であり, 完全正則空間の部分空間はまた完全正則空間になるので, $X$ は完全正則空間にはなります.

　念のため, 完全正則空間の定義を復習しましょう. 位相空間 $X$ が完全正則であるとは, $\mathrm{T}_1$ 分離公理と $\mathrm{T}_{3\frac{1}{2}}$ 分離公理をみたすことでした. $\mathrm{T}_1$ 分離公理は各点 $p$ だけからなる $\{p\}$ が閉集合であること. また $\mathrm{T}_{3\frac{1}{2}}$ 分離公理は, 点 $p$ と閉集合 $F$ が与えられて $p \notin F$ であるときに, 閉区間 $[0,1]$ に値をとる連続関数 $f$ が存在して $f(p) = 0$ かつ $x \in F$ のとき $f(x) = 1$ となる, というものです.

　まとめると, $X$ のコンパクト化がひとつでも存在するならば, $X$ は完全正則空間になっています. とくに局所コンパクト・ハウスドルフ空間は1点コンパクト化ができるので完全正則空間になります. ここで例をあげる余裕はありませんが, 局所コンパクトなハウスドルフ空間で正規空間でないものも存在します.

　逆に完全正則空間はすべてなんらかのコンパクト化をもつ, ということをこの章の第4節で証明します. 次節で扱うチコノフの定理はそのために必要になるの

ですが，それだけでなく，位相空間論の理論の上でも，また関数解析などへの応用を考えても，とても大切な定理です．

# 3 チコノフの定理

　無限個の空間の直積については第 6 章の演習編でひととおりの解説をしました．念のためここでそれを手短に振り返っておきましょう．

　位相空間の族 $\{X_\lambda | \lambda \in \Lambda\}$ の直積集合 $\prod_{\lambda \in \Lambda} X_\lambda$ の要素 $(x_\lambda | \lambda \in \Lambda)$ の近傍を指定するためには，有限個の添字 $\lambda_i (1 \leq i \leq n)$ に対する成分 $x_{\lambda_i}$ の，$X_{\lambda_i}$ における近傍を指定します．$X_{\lambda_1}, \cdots, X_{\lambda_n}$ のそれぞれで点 $x_{\lambda_1}, \cdots, x_{\lambda_n}$ の近傍 $U_{\lambda_1}, \cdots, U_{\lambda_n}$ をとって，$\prod_{\lambda \in \Lambda} X_\lambda$ の部分集合

$$\{(y_\lambda | \lambda \in \Lambda) | y_{\lambda_i} \in U_{\lambda_i} (1 \leq i \leq n)\} \tag{☆}$$

を作れば，それが $(x_\lambda | \lambda \in \Lambda)$ の典型的な近傍です．

　この節ではこれ以降，直積空間 $\prod_{\lambda \in \Lambda} X_\lambda$ を単に $X$ と表記することにします．添字 $\lambda$ を固定するごとに，$X$ の要素 $x = (x_\lambda | \lambda \in \Lambda)$ に，その $\lambda$-成分 $x_\lambda$ を対応させる写像 $\pi_\lambda : X \to X_\lambda$ が定まります．この写像 $\pi_\lambda$ を $X_\lambda$ への**射影**といいます．射影の言葉を使えば，式(☆)の集合は $\pi_{\lambda_1}^{-1}[U_{\lambda_1}] \cap \cdots \cap \pi_{\lambda_n}^{-1}[U_{\lambda_n}]$ と書けるわけです．直積位相は，すべての射影が連続写像になるような位相のうち，最も弱い(開集合が少ない)ものとして特徴づけられます．直積集合 $X$ にはこのほかにもいろいろな位相の与えかたがあるでしょうが，とくにこの直積位相を与えた $X$ のことを，位相空間の族 $\{X_\lambda | \lambda \in \Lambda\}$ の直積空間とよぶのです．さて，チコノフの定理は次のように述べられます．

　　**チコノフの定理**　$X_\lambda$ がすべてコンパクト空間であれば，直積空間 $X$ もコンパクト空間である．

　さっそく証明しましょう．空間 $X$ がコンパクトであることを示すには，$X$ 上の任意の超フィルターが $X$ のある点に収束することを示せばよいのでした．そこで $X$ 上に超フィルター $\mathcal{U}$ が与えられたとします．各添字 $\lambda \in \Lambda$ に対して，$X_\lambda$ の部分集合族 $\mathcal{U}_\lambda$ を

$$\mathcal{U}_\lambda = \{A \subset X_\lambda \mid \pi_\lambda^{-1}[A] \in \mathcal{U}\}$$

と定義しましょう. このとき $\mathcal{U}_\lambda$ は $X_\lambda$ 上の超フィルターになります. これは写像の逆像の性質を使って超フィルターの条件を確かめるだけなので簡単です. いま $X_\lambda$ はコンパクト空間だったので, 超フィルター $\mathcal{U}_\lambda$ は $X_\lambda$ のある点 $p_\lambda$ に収束します. すべての添字 $\lambda \in \Lambda$ についてそのような点 $p_\lambda$ があるので, $X$ の要素 $p = (p_\lambda \mid \lambda \in \Lambda)$ が得られます. $\mathcal{U}$ がこの $p$ に収束することを見ましょう. $N$ を $p$ の任意の近傍とします. 直積位相の定義から, 有限個の添字 $\lambda_1, \cdots, \lambda_n$ と, $X_{\lambda_i}$ における $p_{\lambda_i}$ の近傍 $N_{\lambda_i}$ が存在して

$$N \supset \pi_{\lambda_1}^{-1}[N_{\lambda_1}] \cap \cdots \cap \pi_{\lambda_n}^{-1}[N_{\lambda_n}] \tag{$*$}$$

となります. $\mathcal{U}_{\lambda_i}$ が $p_{\lambda_i}$ に収束することから $N_{\lambda_i} \in \mathcal{U}_{\lambda_i}$ ですが, $\mathcal{U}_{\lambda_i}$ の定義によれば, これは $\pi_{\lambda_i}^{-1}[N_{\lambda_i}] \in \mathcal{U}$ ということでした. こうして $i = 1, \cdots, n$ について $\pi_{\lambda_i}^{-1}[N_{\lambda_i}] \in \mathcal{U}$ なので, フィルターの条件と式($*$)から $N \in \mathcal{U}$ です. ところが $N$ は $p$ の任意の近傍だったので, $\mathcal{U}$ が $p$ に収束することがわかりました. $X$ 上の任意の超フィルター $\mathcal{U}$ が $X$ の点に収束するので, $X$ はコンパクト空間です. 　　　（証明終）

# 4 ストーン–チェックのコンパクト化

ここで, 位相空間 $X$ 上の実数値連続関数 $f$ で $0 \leq f \leq 1$ をみたすもの全体の集合を $\boldsymbol{F}$ としましょう. $X$ の各点 $p$ は, $\boldsymbol{F}$ の要素である関数 $f$ に $0$ 以上 $1$ 以下の実数値 $f(p)$ を対応させる「関数の関数」$\hat{p}: \boldsymbol{F} \to [0,1]; f \mapsto f(p)$ を引き起こします. この $\hat{p}$ は直積集合 $[0,1]^{\boldsymbol{F}}$ の要素ということになり, ここに写像 $h: X \to [0,1]^{\boldsymbol{F}}; p \mapsto \hat{p}$ が得られます.

いま, $[0,1]$ には通常の位相を与え, $[0,1]^{\boldsymbol{F}}$ にその直積位相を与えたとします. このとき, $[0,1]^{\boldsymbol{F}}$ はチコノフの定理によりコンパクト空間となります. またハウスドルフ空間になっています.

**補題Ⅰ** 写像 $h$ は $X$ から $[0,1]^{\boldsymbol{F}}$ への連続写像である.

空間 $X$ の任意の点 $p$ に対して, $[0,1]^{\boldsymbol{F}}$ における $\hat{p}$ の任意の近傍 $N$ を考えます. 直積位相の定義により, 有限個の添字 $f_1, \cdots, f_n \in \boldsymbol{F}$ と正の数 $\varepsilon$ が存在して,

$$N \supset \left\{ \varphi \in [0,1]^F \,\middle|\, \max_{1 \le i \le n} |\varphi(f_i) - \hat{p}(f_i)| < \varepsilon \right\} \tag{**}$$

となります．ここで $f_1, \cdots, f_n$ が $X$ 上の連続関数だったことを思い出せば，$X$ における点 $p$ の近傍 $U$ を

$$U \subset \left\{ x \in X \,\middle|\, \max_{1 \le i \le n} |f_i(x) - f_i(p)| < \varepsilon \right\} \tag{†}$$

となるようにとれます．$\hat{x}(f_i) = f_i(x)$ に注意すれば式(†)から

$$x \in U \quad \text{ならば} \quad \max_{1 \le i \le n} |\hat{x}(f_i) - \hat{p}(f_i)| < \varepsilon$$

となり，これと式(**)から，$x \in U$ ならば $\hat{x} \in N$ となります．いま $N$ は $\hat{p}$ の任意の近傍だったので，写像 $h: p \mapsto \hat{p}$ は点 $p$ において連続です．これが示したかったことでした．　　　　　　　　　　　　　　　　　　　　（証明終）

空間 $X$ が完全正則空間のときに写像 $h$ が埋め込み写像になることを示すのが，このあとの目標です．

まず $h$ が単射であることを示しましょう．$X$ の異なる 2 点 $p$ と $q$ が与えられたとします．このとき $\{q\}$ は $p$ を含まない閉集合なので，完全正則空間の条件から，$f(p) = 0$ と $f(q) = 1$ をみたす連続関数 $f: X \to [0,1]$ がとれます．すると $\hat{p}(f) = 0$ かつ $\hat{q}(f) = 1$ なので $h(p) \ne h(q)$ となります．したがって $h$ は単射です．

次に，空間 $X$ の任意の点 $p$ の任意の近傍 $U$ が与えられたとしましょう．このとき補集合の閉包 $\mathrm{Cl}(X \setminus U)$ は $p$ を含まない閉集合なので，完全正則空間の条件により，連続関数 $f: X \to [0,1]$ を $f(p) = 0$ かつ $x \in \mathrm{Cl}(X \setminus U)$ のとき $f(x) = 1$ となるようにとれます．このふたつめの条件は $f(x) < 1$ ならば $x \in U$ となる，ということを意味します．この $f$ が添字集合 $\boldsymbol{F}$ のメンバーになっていることに注意して，$[0,1]^F$ の部分集合 $N$ を

$$N = \{ \varphi \in [0,1]^F \mid \varphi(f) < 1 \}$$

と定めましょう．直積空間の記号を使えば $N = \pi_f^{-1}([0,1))$ であり，射影にかんして $[0,1]$ の開部分集合 $[0,1)$ の逆像になっているので，$N$ は $[0,1]^F$ の開部分集合で，$\hat{p}$ の近傍です．$X$ の点 $x$ について $\hat{x} \in N$ と $f(x) < 1$ とは同値であり，このとき $x \in U$ となります．つまり $\hat{x} \in N$ ならば $x \in U$ です．また $f(p) = 0$ より

$\hat{p} \in N$ でもあります．このようにして，$p$ の任意の近傍 $U$ に対して $\hat{p}$ の近傍 $N$ が存在して $\hat{x} \in N$ ならば $x \in U$ となるので，写像 $h$ は逆連続でもあり，したがって埋め込み写像なのです．

　こうして任意の完全正則空間 $X$ が閉区間の直積集合 $[0,1]^F$ に埋め込まれることがわかりました．埋め込み写像のターゲットを像の閉包 $\mathrm{Cl}(h[X])$ に制限すれば $h: X \to \mathrm{Cl}(h[X])$ は空間 $X$ のひとつのコンパクト化となります．$[0,1]$ への連続関数全体を用いてこのように構成されたコンパクト化のことを，完全正則空間 $X$ の**ストーン-チェックのコンパクト化**といい，そのターゲット $\mathrm{Cl}(h[X])$ を $\beta X$ と表記します．

　ストーン-チェックのコンパクト化 $h: X \to \beta X$ は，次に述べる普遍性の条件で特徴づけられることが知られています．いま $X$ を完全正則空間，$K$ をコンパクト・ハウスドルフ空間，$u: X \to K$ を任意の連続写像とするとき，$\beta X$ から $K$ への連続写像 $\bar{u}$ が存在して $u = \bar{u} \circ h$ となります．そしてそのような $\bar{u}$ は $u$ に対して一意的に定まります．このようなとき $u: X \to K$ は $\bar{u}: \beta X \to K$ へと「持ち上げられる」とか「拡張される」といいます．

さらに，別のコンパクト化 $k: X \to Y$ が，ストーン-チェックのコンパクト化と同様に，任意のコンパクト・ハウスドルフ空間への任意の連続写像 $v: X \to K$ が連続写像 $\bar{v}: Y \to K$ に持ち上げられるという条件をみたすならば，一意的な同相写像 $j: \beta X \approx Y$ が存在して，$k = j \circ h$，$h = j^{-1} \circ k$ となります．ですから，連続写像の拡張にかんする普遍性をもつコンパクト化は，同相の意味でストーン-チェックのコンパクト化だけ，ということになります．これら事実の証明は，少々長くなるので割愛します．

　ここまでの話をまとめると，第 9 章第 3 節で証明抜きで述べた定理が示されたというわけです．定理を再掲しましょう．

　**定理**　位相空間 $X$ について次の (1)-(3) は同値である．

（1）$X$ は完全正則空間である.

（2）$X$ は数直線の直積空間 $\mathbb{R}^\kappa$ の部分空間と同相である.

（3）$X$ はコンパクト・ハウスドルフ空間の部分空間と同相である.

# 5 ふたたび局所コンパクト空間について

さて，演習2では，コンパクト・ハウスドルフ空間の開部分空間は局所コンパクト空間であることを証明してもらいました．最後に，その逆を意味する結果を証明しましょう．まず次の補題に注意します.

**補題 2**　$Y$ を位相空間，$D$ を $Y$ の稠密部分集合，$U$ を $Y$ の開集合とするとき，$U \subset \mathrm{Cl}(U \cap D)$ となる.

**演習 3**

補題2を証明せよ.

局所コンパクト・ハウスドルフ空間 $X$ とそのコンパクト化 $h: X \to Y$ が与えられたとします．これから証明したいことは，像 $h[X]$ が $Y$ の開集合になっていることです．そのために，$X$ の任意の点 $p$ の値 $h(p)$ を考えます．$X$ の局所コンパクト性により，$X$ においては $p$ のコンパクトな近傍 $C$ が存在します．この近傍 $C$ に対して，写像 $h$ の逆連続性により，$Y$ の点 $h(p)$ の近傍 $N$ が存在して，$N \cap h[X] \subset h[C]$ となっています．ここで，$h[X]$ が $Y$ の稠密集合であることに注意しましょう．すると補題2により，$Y$ の開集合 $\mathrm{Int}(N)$ について

$$\mathrm{Int}(N) \subset \mathrm{Cl}((\mathrm{Int}(N)) \cap h[X])$$

が成立し，したがって $\mathrm{Int}(N) \subset \mathrm{Cl}(N \cap h[X])$ も成立します．いっぽう，$C$ のコンパクト性と $h$ の連続性から $h[C]$ はコンパクト集合．したがって $Y$ のハウスドルフ性から $h[C]$ は $Y$ の閉集合です．ところが $N \cap h[X] \subset h[C]$ だったので，$\mathrm{Cl}(N \cap h[X]) \subset h[C]$ も成立し，

$$\mathrm{Int}(N) \subset \mathrm{Cl}(N \cap h[X]) \subset h[C]$$

となります．$N$ は $h(p)$ の近傍なので $h(p) \in \mathrm{Int}(N)$ で，このことから $h[C]$ は点 $h(p)$ の近傍ということになります．$C \subset X$ なので $h[C] \subset h[X]$ であり，したがって $h[X]$ も $h(p)$ の近傍ですが，$h(p)$ は $h[X]$ の任意の要素ですから，このことは $h[X]$ が $Y$ の開集合であることを意味します．演習 2 の結果と合わせて，これで次の定理が証明できました．

**定理**　完全正則空間 $X$ について次の (1)–(3) は同値である．

(1) $X$ は局所コンパクトである．

(2) $X$ はあるコンパクト化に開部分空間として埋め込まれる．

(3) $X$ は任意のコンパクト化に開部分空間として埋め込まれる．

一般に，局所コンパクト・ハウスドルフ空間のコンパクト化は一意的ではありません．たとえば数直線ならば，1 点コンパクト化すれば円周になりますが，$\mathbb{R}^1$ と開区間 $(0,1)$ が同相であることから，閉区間 $[0,1]$ も $\mathbb{R}^1$ のコンパクト化のひとつです．このように，一般に局所コンパクト・ハウスドルフ空間はいろいろな方法でコンパクト化できるわけですが，どのようにコンパクト化しても，もとの空間は開部分集合として埋め込まれる，というのです．

コンパクト化はもとの空間に点を追加してコンパクト・ハウスドルフ空間にすることだといえますが，さきほどの定理は，局所コンパクト空間のコンパクト化にともなって追加される新しい点は，各点の近くには来ない，ということを意味しています．この意味で，局所コンパクト空間のコンパクト化で新たに追加される点のことを**無限遠点**ということがあります．無限遠点という言葉は局所コンパクト・ハウスドルフ空間のコンパクト化の特徴をうまく言いあてていますが，局所コンパクトでない空間については，各点のいくらでも近くに新たな点が追加されることがあるので，それらを無限遠点とよぶことは許されません．

# 演習

## 演習 I

平面 $\mathbb{R}^2$ が球面から 1 点を取り除いた残りの部分空間と同相であることを示せ.

　平面 $\mathbb{R}^2$ を 3 次元空間 $\mathbb{R}^3$ の $XY$ 平面 $\{(x,y,0)\,|\,x,y\in\mathbb{R}\}$ と同一視しましょう.
球面を

$$S^2 = \{(x,y,z)\,|\,x^2+y^2+z^2 = 1\}$$

とします. $S^2$ の北極にあたる点 $\mathrm{N}(0,0,1)$ から $XY$ 平面上の点 $(s,t,0)$ $(s,t\in\mathbb{R})$
へ直線 $\ell$ を引くと, $\mathrm{N}$ のほかにもう 1 点, $\ell$ が $S^2$ を通る点が存在します. この点
を $\mathrm{P}(x,y,z)$ としましょう.

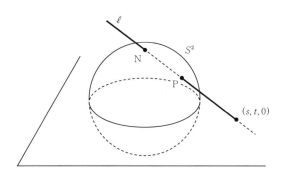

直線 $\ell$ 上の点 $(x,y,z)$ をパラメータ $u$ を使って

$$\begin{cases} x = us \\ y = ut \\ z = 1-u \end{cases}$$

と表して, 球面 $S^2$ の方程式 $x^2+y^2+z^2 = 1$ に代入すれば, $u$ の 2 次方程式

$$(s^2+t^2+1)u^2-2u = 0$$

が得られます．解は $u=0$ と $u=2/(s^2+t^2+1)$ です．解 $u=0$ は北極 N に対応し，もう一個の解 $u=2/(s^2+t^2+1)$ が点 P に対応します．この手順で，平面 $\mathbb{R}^2$ の各点 $(s,t)$ に対して球面 $S^2$ のある点 $(x,y,z)$ が

$$\begin{cases} x = \dfrac{2s}{s^2+t^2+1} \\[2mm] y = \dfrac{2t}{s^2+t^2+1} \\[2mm] z = \dfrac{s^2+t^2-1}{s^2+t^2+1} \end{cases}$$

によって対応づけられます．この対応は $\mathbb{R}^2$ から $S^2\backslash\{N\}$ への連続写像 $h$ になっています．逆写像は

$$\begin{cases} s = \dfrac{x}{1-z} \\[2mm] t = \dfrac{y}{1-z} \end{cases}$$

で与えられ，これも連続写像になっています．したがってこの写像 $h$ は $\mathbb{R}^2$ から $S^2\backslash\{N\}$ への同相写像なのです．平面と球面の間のこの対応を**ステレオ投影**といい，解析学では，複素数平面からいわゆるリーマン球面を得る操作として知られています．また，化学物質の結晶構造の分析などの応用面でも重要です．

## 演習 2

> コンパクト・ハウスドルフ空間の開部分集合は，部分空間として局所コンパクト空間である．このことを証明せよ．

　$K$ がコンパクト・ハウスドルフ空間で $E$ がその開部分集合だったとします．$K\backslash E$ は $K$ の閉部分集合なのでコンパクトです．$E$ の各点 $p$ はコンパクト部分集合 $K\backslash E$ に含まれないので，コンパクト・ハウスドルフ空間 $K$ の正則性により，$K$ の開集合 $U$ と $V$ を $p\in U$, $K\backslash E\subset V$, $U\cap V=\emptyset$ となるようにとれます．$V$ が開集合であることと $U\cap V=\emptyset$ であることから，$\mathrm{Cl}(U)\cap V=\emptyset$ となりますが，これは $U$ の $K$ における閉包 $\mathrm{Cl}(U)$ が $E$ に含まれることを意味します．$\mathrm{Cl}(U)$

はコンパクト空間 $K$ の閉集合なのでコンパクトであり，しかも部分空間 $E$ にお
ける $p$ の近傍になっています．したがって $p$ は部分空間 $E$ においてコンパクト
な近傍をもつわけです．いま $p$ は $E$ の任意の点だったので，$E$ は局所コンパク
ト空間です．　　　　　　　　　　　　　　　　　　　　　　　　　　（証明終）

　こうして，完全正則空間をコンパクト化したときにその中でもとの空間が開集
合となるならば，もとの空間は局所コンパクト・ハウスドルフ空間であることが
わかります．逆に，局所コンパクト・ハウスドルフ空間 $X$ を埋め込み写像 $h$:
$X \rightarrow Y$ によってコンパクト化したときには，$h[X]$ が $Y$ の開部分集合になると
いうことを，本章の 166 ページで証明しました．実はその証明においては，$X$ の
局所コンパクト性と $h[X]$ の $Y$ での稠密性，それと $Y$ がハウスドルフ空間であ
ることを利用しましたが，$Y$ のコンパクト性は証明において全然用いられません
でした．そこで，局所コンパクト・ハウスドルフ空間 $X$ は，他のハウスドルフ空
間 $Y$ の稠密な部分空間として埋め込んだとき，必ず開集合となる，という結果が
得られます．

　局所コンパクト・ハウスドルフ空間は完全正則空間です．ただし，必ずしも正
規空間にはなりません．関心のある読者のために，正規空間でない局所コンパク
ト空間の例について一言しておきましょう．詳しい定義などは省略しますが，順
序数空間 $\omega_1$ と $\omega_1 + 1$ の直積 $\omega_1 \times (\omega_1 + 1)$ がそうした空間の例になっています．
正規空間でないことの証明を含めて，この空間についての詳細は，寺澤順さんの
『現代集合論の探検』（日本評論社，2013 年）で読むことができます．雑誌『数学セ
ミナー』2019 年 11 月号の大田春外さんの記事「2 つの正規空間の直積空間は正規
空間か」の例 1 も実質的に同じ空間を扱っています．この空間はコンパクト・ハ
ウスドルフ空間 $(\omega_1 + 1) \times (\omega_1 + 1)$ の開部分空間なので，局所コンパクト・ハウス
ドルフ空間です．また $\omega_1$ も $\omega_1 + 1$ も正規空間なので，この例は，ふたつの正規空
間の直積が正規空間でない例にもなっています．

次の命題(171 ページの補題 2)を証明せよ：$Y$ を位相空間，$D$ を $Y$ の稠密部分集合，$U$ を $Y$ の開集合とするとき，$U \subset \mathrm{Cl}(U \cap D)$ となる．

　開集合 $U$ の任意の点 $p$ が閉包 $\mathrm{Cl}(U \cap D)$ に属することを示します．$p$ の近傍 $V$ が与えられたとしましょう．$U$ は開集合なので $V \cap U$ も $p$ の近傍ですからその内部 $\mathrm{Int}(V \cap U)$ は $p$ を含む開集合です．$D$ は稠密集合なので，空でない開集合 $\mathrm{Int}(V \cap U)$ と交わります．つまり $\mathrm{Int}(V \cap U) \cap D \neq \emptyset$ ですから，$V \cap (U \cap D) \neq \emptyset$ となります．ここで $V$ は $p$ の任意の近傍だったので $p \in \mathrm{Cl}(U \cap D)$ です．これが証明したかったことでした．　　　　　　　　　　　　　　（証明終）

　正直に申しますと，この演習は補題 2 の証明を省略するためだけに設けたにすぎないのです．本来ならば稠密性の概念を定義した第 5 章の演習編で扱っておいてしかるべきでした．ただ，ひとこと言いわけしておくと，位相空間のいろいろな問題を考えているときに，こうした小さな補題のことを「たしかこれが成立するはずだよね」とか「あれ，どう示すんだったっけ」と思うことはよくあるので，ときどき思い出して証明を辿り直すのも，無駄ではないように思います．

# 第12章

# 完備距離空間と
# ベールの定理

## ▮ コーシー列と完備性

　実数の数列 $x_1, x_2, \cdots$ が実数 $\alpha$ に収束するとは，番号 $n$ を十分大きくしさえすれば $x_n$ を $\alpha$ に好きなだけ近くできる，ということでした．もっとはっきりと書けば，任意に与えられた正の数 $r$ に対して番号 $N$ が存在して，$n \geq N$ であるようなすべての番号 $n$ について $x_n$ が $\alpha$ の $r$-近傍に属する，ということを，数列 $\{x_n\}_{n \in \mathbb{N}}$ は実数 $\alpha$ に収束するというのでした．さていまこの状況において，番号 $m$ と $n$ の両方が $N$ 以上であったならば，$x_m$ と $x_n$ の両方が $\alpha$ の $r$-近傍に属することになるので，$x_m$ と $x_n$ は互いに $2r$ より近いはずです．ですから収束する数列 $\{x_n\}_{n \in \mathbb{N}}$ においては，番号 $n$ を大きくすればするほど，それより先の項 $x_n, x_{n+1}, x_{n+2}, \cdots$ は互いにいくらでも近くなっていきます．

　一般に，距離空間 $(X, d)$ における点列 $\{p_n\}_{n \in \mathbb{N}}$ が次の条件をみたすとき，**コーシー列** とよびます：任意に与えられた正の数 $\varepsilon$ に対して番号 $N$ が存在して，$m \geq n \geq N$ であるような任意の番号 $m, n$ について $d(p_m, p_n) < \varepsilon$ が成立する．

　実数直線やユークリッド空間を通常の距離で考えているときには，コーシー列というのは収束する点列というのと同じことなのですが，一般の距離空間では必ずしもそうなっていません．

　たとえば実数直線 $\mathbb{R}$ において，通常と異なる距離関数 $d'$ を $d'(x, y) = |2^{-x} - 2^{-y}|$ と定義してみると，$\mathbb{R}$ の数列の，この距離関数 $d'$ の意味での収束は，通常の距離の意味での収束と同値なのですが，距離空間 $(\mathbb{R}, d')$ では，数列

$1, 2, 3, \cdots$ は収束しないコーシー列になっています. 距離関数 $d'$ と通常の距離関数は, 定める位相は同じです. しかし通常の距離関数について成立する「すべてのコーシー列が収束する」という実数直線の性質(実数直線の完備性)は, 距離関数 $d'$ については成立しません. 完備性は, 位相だけではなく距離関数にも依存した性質なのです.

通常の距離関数のもとでの実数直線の完備性を一般化して, 次のように定義します:距離空間 $(X, d)$ におけるコーシー列がすべて収束するならば, $(X, d)$ のことを**完備な**距離空間とよぶ.

距離空間の完備性は, 位相と関連した性質ではありますが, あくまでも距離関数のとり方に依存したものであることに注意しましょう.

**演習 I**

実数の開区間 $(0, 1)$ を $I$ と書き, 数直線の通常の距離関数を $d$ と書くとき,

(1) 距離空間 $(I, d)$ が完備でないことを示せ.
(2) $I$ 上の距離関数 $d'$ を

$$d'(x, y) = \left| \frac{1}{x} - \frac{1}{y} \right| + \left| \frac{1}{1-x} - \frac{1}{1-y} \right|$$

と定義する. このとき距離空間 $(I, d')$ が完備であることを示せ.


# 2 連続関数の空間のふたつの距離関数

閉区間 $[0, 1]$ 上の実数値連続関数全体のなす集合を $C([0, 1])$ と書きます. この $C([0, 1])$ にはいろいろな位相や距離関数を定義して調べることができます. そのうちで各点収束位相については第5章で少し触れ, 各点収束位相のもとでは $C([0, 1])$ が距離づけ可能でない(第一可算公理をみたさない)ことを証明しました. ここでは, $C([0, 1])$ にふたとおりの距離関数を定義して比較してみます.

　まず，閉区間上の連続関数が上に有界であることを思い出してください．この
ことから C([0,1]) に属する関数 $f$ について上限

$$\|f\|_\infty = \sup\{|f(t)| : 0 \le t \le 1\}$$

が実数として定まります．この $\|f\|_\infty$ を $f$ の**一様ノルム**とよびます．この一様ノ
ルムを用いて

$$\begin{aligned}d_\infty(f,g) &= \|f-g\|_\infty \\ &= \sup\{|f(t)-g(t)| : 0 \le t \le 1\}\end{aligned}$$

と定めれば，$d_\infty$ は C([0,1]) 上の距離関数になります．距離関数 $d_\infty$ のことを
C([0,1]) における**一様距離**とよぶことにしましょう．

　次に，C([0,1]) に属する関数 $f$ の**平均ノルム**を積分

$$\|f\|_1 = \int_0^1 |f(t)|dt$$

によって定義し，ふたつの関数 $f$ と $g$ に対して $d_1(f,g)$ を

$$d_1(f,g) = \|f-g\|_1 = \int_0^1 |f(t)-g(t)|dt$$

と定めれば，$d_1$ は C([0,1]) 上の距離関数になります．距離関数 $d_1$ のことを
C([0,1]) における**平均距離**とよぶことにします．

　一様距離と平均距離の添字 $\infty$ と 1 は，これだけだと憶え間違えそうです．関
数のなす空間の性質を調べる解析学の一分野である関数解析では，関数空間
C([0,1]) において，1 以上の任意の実数 $p$ について一般に $p$ 乗平均距離

$$d_p(f,g) = \left(\int_0^1 |f(t)-g(t)|^p dt\right)^{\frac{1}{p}}$$

を考えます．そして，この値の $p \to \infty$ の極限が一様距離 $d_\infty(f,g)$ に一致するの
が，$d_\infty$ の記号の由来です．このことも一緒に憶えておけば，もう間違えないでし
ょう．

　こうして $(C([0,1]), d_\infty)$ と $(C([0,1]), d_1)$ というふたつの距離空間ができまし
た．このふたつは同相ではありません．あきらかに $d_1(f,g) \le d_\infty(f,g)$ ですか
ら，$d_\infty$ の意味で収束する関数列は $d_1$ の意味でも収束しますが，逆は成立しない
のです．たとえば次ページの図のように幅が $1/n$ で高さが 1 の三角形の山形のグ
ラフをもつ関数 $f_n$ を考えてみます．すると $\|f_n\|_1 = 1/(2n)$ なので，関数列
$\{f_n\}_{n\in\mathbb{N}}$ は平均距離 $d_1$ の意味では定数関数 0 に収束しますが，すべての $n$ で山の

高さは 1 なので，一様距離 $d_\infty(f_n, 0)$ はつねに 1 です．ですから $d_\infty$ の意味では $\{f_n\}_{n \in \mathbb{N}}$ は 0 には収束しません．実際のところ $m \geqq 2n$ のとき $d_\infty(f_m, f_n) = 1$ なので，$\{f_n\}_{n \in \mathbb{N}}$ は $d_\infty$ の意味でコーシー列ではなく，どこにも収束しないのです．

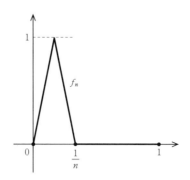

　こうして一様距離 $d_\infty$ と平均距離 $d_1$ とが別の位相を定めることがわかりました．次に述べるように，距離空間としての両者の性質にも大きな違いがあります．

**定理**　距離空間 $(\mathrm{C}([0,1]), d_\infty)$ は完備である．

　関数列 $\{f_n\}_{n \in \mathbb{N}}$ が一様距離 $d_\infty$ のもとでコーシー列だったとします．すると閉区間 $[0,1]$ 上の各点 $t$ について
$$|f_m(t) - f_n(t)| \leqq \|f_m - f_n\|_\infty = d_\infty(f_m, f_n)$$
であることから，$t$ を固定するごとに定まる実数列 $\{f_n(t)\}_{n \in \mathbb{N}}$ が実数の（通常の距離の意味での）コーシー列になります．実数直線の完備性により極限値 $\lim_{n \to \infty} f_n(t)$ が定まるので，この極限値を $f(t)$ とすることで，$[0,1]$ 上の実数値関数 $f$ が定まります．

　この $f$ が連続関数であることを示さねばなりません．$[0,1]$ 上の点 $t$ を任意に固定したとして，$f$ がこの点 $t$ において連続であることを示します．そのために正の数 $\varepsilon$ が任意に与えられたとしましょう．$\{f_n\}_{n \in \mathbb{N}}$ が $d_\infty$ の意味でコーシー列であるという仮定から，番号 $N$ を，$m \geqq n \geqq N$ のとき $d_\infty(f_m, f_n) < \varepsilon/3$ となるようにとれます．このとき，各点 $s$ で $n \geqq N$ のとき $|f(s) - f_n(s)| \leqq \varepsilon/3$ となるこ

とに注意しましょう．また，番号 $N$ について $f_N$ は点 $t$ において連続なので，正の数 $\delta$ を，$|s-t| < \delta$ となるような任意の点 $s$ について $|f_N(s) - f_N(t)| < \varepsilon/3$ となるようにとれます．すると，$|s-t| < \delta$ のとき

$$|f(s) - f(t)| \leqq |f(s) - f_N(s)| + |f_N(s) - f_N(t)| + |f_N(t) - f(t)|$$

$$< \frac{\varepsilon}{3} + \frac{\varepsilon}{3} + \frac{\varepsilon}{3} = \varepsilon$$

となります．任意に与えられた $\varepsilon$ に対してこのような $\delta$ がとれるので，関数 $f$ は点 $t$ において連続です．ところが $t$ は閉区間 $[0,1]$ 上の任意の点だったので $f$ は $C([0,1])$ に属することになります．

また，すでに指摘したとおり $n \geqq N$ のとき各点 $s$ において $|f(s) - f_n(s)| \leqq \varepsilon/3$ だったので

$$d_\infty(f, f_n) = \sup\{|f(s) - f_n(s)| : 0 \leqq s \leqq 1\}$$

$$\leqq \frac{\varepsilon}{3} < \varepsilon$$

であり，ここでも任意に与えられた $\varepsilon$ に対してこのような番号 $N$ がとれるので，関数列 $\{f_n\}_{n \in \mathbb{N}}$ は一様距離 $d_\infty$ の意味で関数 $f$ に収束します．こうして，一様距離のもとでのコーシー列が収束列であることが示されたので，$(C([0,1]), d_\infty)$ は完備です．　　　　　　　　　　　　　　　　　　　　　　　　　　（証明終）

さてその一方で平均距離のもとでの距離空間 $(C([0,1]), d_1)$ は完備ではありません．たとえば次の図のように傾き $2n$ の斜面のグラフをもつ関数 $g_n$ を考えてみます．すると $m \geqq n \geqq N$ のとき $d_1(g_m, g_n) \leqq 1/(4N)$ なので，$\{g_n\}_{n \in \mathbb{N}}$ は $d_1$ の意

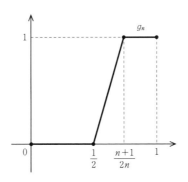

味でコーシー列になっています．この関数列は，グラフが垂直に切り立った崖の形状に近づいていくことから予想できるとおり，平均距離 $d_1$ の意味で連続関数に収束しないのです．

**演習 2**

---

上に定義した関数列 $\{g_n\}_{n \in \mathbb{N}}$ が平均距離 $d_1$ の意味で $C([0,1])$ に属するいかなる関数にも収束しないことを示せ．（$\{g_n\}_{n \in \mathbb{N}}$ が $d_1$ の意味で連続関数 $f$ に収束したと仮定して，$0 \leqq t < 1/2$ のとき $f(t) = 0$，$1/2 < t \leqq 1$ のとき $f(t) = 1$ でなければならないことを示して，矛盾に導け．）

---

　関数解析においては，ここで考えた垂直に切り立ったグラフをもつ不連続関数など，$C([0,1])$ における $d_1$ の意味でのコーシー列の仮想的な極限をも空間に取り入れて，$L^1([0,1])$ とよばれる拡大された空間を考えます．この空間は平均距離 $d_1$ のもとで完備になりますが，この場合，積分をルベーグ積分の意味で考える必要があります．

# 3 ベールの定理

　完備な距離空間の特徴であるベールの定理について説明します．先ほど言ったように，積分を用いた関数解析においては，不連続関数を考察の対象に取り入れる必要が出てくるわけですが，このベールの定理は，歴史的な経緯からいえば，そうした不連続関数の性質の研究から派生して見いだされたものであり，さらに，関数解析の舞台であるバナッハ空間など無限次元の空間を調べるさいに強力な手法を提供してくれます．

　まず位相空間 $X$ において，部分集合 $A$ の閉包が内点をもたないとき，すなわち $\mathrm{Int}(\mathrm{Cl}(A)) = \emptyset$ であるとき，$A$ は**いたるところ非稠密**な集合とよばれます．このことは次のように言っても同じです．$A$ がいたるところ非稠密であるとは，$X$ の任意の空でない開集合 $U$ に対して，空でない開集合 $V$ を

$$V \subset U, \quad A \cap V = \emptyset$$

となるようにとれることをいう.

　この特徴づけから, 有限個のいたるところ非稠密な集合の和集合がまたいたるところ非稠密になることがわかります. $A$ と $B$ がいずれもいたるところ非稠密だったとしたら, 空でない開集合 $U$ に対して, 空でない開集合 $V$ を $V \subset U$ かつ $A \cap V = \emptyset$ となるようにとり, 次にこの $V$ に対して, 空でない開集合 $W$ を $W \subset V$ かつ $B \cap W = \emptyset$ となるようにとれます. そうすれば, $W \subset U$ かつ $W \cap (A \cup B) = \emptyset$ です. $U$ に対してこのように $W$ がとれるので, 和集合 $A \cup B$ もいたるところ非稠密なのです. ふたつのいたるところ非稠密な集合の和がふたたびいたるところ非稠密なので, あとは数学的帰納法で, 有限個のいたるところ非稠密な集合の和集合は, またいたるところ非稠密になります.

　ですから, どんな位相空間でも, 空でない開集合が有限個のいたるところ非稠密な集合で覆いつくされることはありえません. ところが, いたるところ非稠密な集合を可算無限個用意したとなると, 空間によっては状況が変わってきます.

　有理数全体のなす数直線の部分空間 $\mathbb{Q}$ を考えてみましょう. この $\mathbb{Q}$ は可算で孤立点のない $T_1$ 空間です. 各点 $q \in \mathbb{Q}$ に対して空間が $T_1$ であることから $\{q\}$ は閉集合です. また, $q$ は $\mathbb{Q}$ の孤立点ではないので, $\{q\}$ は内点をもちません. したがって, $\{q\}$ は $\mathbb{Q}$ のいたるところ非稠密な部分集合です. $\mathbb{Q}$ は可算集合なので, これら可算個のいたるところ非稠密な部分集合で全体が覆われてしまうことになります.

　いま, 位相空間 $X$ の部分集合 $A$ を $X$ のいたるところ非稠密な部分集合の可算族で覆うことができるならば, その部分集合 $A$ のことを**第一類の集合**とよび, そうでないとき, $A$ を**第二類の集合**とよぶことにします. 有理数全体の空間 $\mathbb{Q}$ では, 空間全体が第一類の集合になってしまいました. 有理数の空間 $\mathbb{Q}$ の代わりに数直線 $\mathbb{R}$ を考えると, このようなことは決して起こりません. このことを主張するのが, 次に述べるベールの定理です.

**ベールの定理**　完備な距離空間の空でない開集合は第二類である.

　完備な距離空間 $(X, d)$ に, 空でない開集合 $U$ と, 可算個のいたるところ非稠

密な集合 $A_1, A_2, \cdots$ が与えられたとして，$U$ が和集合 $A_1 \cup A_2 \cup \cdots$ に含まれないことを示します．まず $U_1 = U$ とします．$U_1$ は空でない開集合，$A_1$ はいたるところ非稠密な集合なので，空でない開集合 $V_1$ を $V_1 \subset U_1$ かつ $A_1 \cap V_1 = \emptyset$ となるようにとれます．そこで，$V_1$ の要素 $x_1$ をとり，正の数 $r_1$ を，$x_1$ の $r_1$-近傍 $U(x_1 ; r_1)$ が $V_1$ に含まれるようにとります．この状況で $x_1$ の $r_1/2$-近傍を $U_2$ とすれば，これは空でない開集合です．そこで，空でない開集合 $V_2$ を $V_2 \subset U_2$ かつ $A_2 \cap V_2 = \emptyset$ となるようにとれます．そこで $V_2$ の要素 $x_2$ をとり，正の数 $r_2$ を $U(x_2 ; r_2)$ が $V_2$ に含まれるようにとります．ここで $r_2$ は小さければ小さいほうがいいので，$0 < r_2 \leqq r_1/2$ となるようにとっておきます．この状況で $x_2$ の $r_2/2$-近傍を $U_3$ とすれば，これも空でない開集合です．

　以下同様に，空でない開集合 $U_n$ が与えられたときに，空でない開集合 $V_n$ を $V_n \subset U_n$ かつ $A_n \cap V_n = \emptyset$ となるようにとり，$V_n$ の要素 $x_n$ を選んで正の数 $r_n$ を $U(x_n ; r_n) \subset V_n$ かつ $0 < r_n \leqq r_{n-1}/2$ となるようにとって，$x_n$ の $r_n/2$-近傍 $U(x_n ; r_n/2)$ を $U_{n+1}$ とよびましょう．

　この手順で，点の列 $x_1, x_2, \cdots$ と正の数の列 $r_1, r_2, \cdots$ が得られます．どの $r_n$ も $r_{n-1}$ の半分以下にとってあることと，$x_n \in V_n \subset U_n = U(x_{n-1} ; r_{n-1}/2)$ となっていることから，$m \geqq n$ のとき

$$
\begin{aligned}
d(x_m, x_n) &\leqq \frac{r_n}{2} + \frac{r_{n+1}}{2} + \cdots + \frac{r_{m-1}}{2} \\
&\leqq r_n \cdot \left( \frac{1}{2} + \frac{1}{2^2} + \frac{1}{2^3} + \cdots \right) \\
&= r_n < 2^{-n+1} r_1
\end{aligned}
$$

であり，このことから点列 $\{x_n\}_{n \in \mathbb{N}}$ が距離関数 $d$ の意味でコーシー列になっていることがわかります．いま距離空間 $(X, d)$ は完備だったので，点列 $\{x_n\}_{n \in \mathbb{N}}$ は $X$ のある点 $x^*$ に収束します．$m \geqq n$ のとき $x_m$ は $x_n$ の $r_n/2$-近傍に属するので $d(x_m, x_n) < r_n/2$ であり，$m \to \infty$ の極限をとれば $d(x^*, x_n) \leqq r_n/2$ です．したがって $x^*$ は $x_n$ の $r_n$-近傍 $U(x_n ; r_n)$ に属しますが，$U(x_n ; r_n)$ は $V_n$ に含まれるようにとり，$V_n$ は $A_n \cap V_n = \emptyset$ となるようにとってあったので，$x^*$ は $A_n$ の要素ではありません．いま番号 $n$ は任意だったので，$x^*$ は和集合 $A_1 \cup A_2 \cup \cdots$ に属しないのです．いっぽう，作り方から明らかなとおり，$x^* \in V_1 \subset U_1 = U$ です．し

たがって，$U$ は和集合 $A_1 \cup A_2 \cup \cdots$ に含まれません．これが証明したかったこと
でした．　　　　　　　　　　　　　　　　　　　　　　　　　　　（証明終）

　ベールの定理は，バナッハ空間の連続線形作用素の一様有界性に関するバナッ
ハ–シュタインハウスの定理（別名を「共鳴定理」といいます）や，どこでも微分不
可能な連続関数の存在など，関数解析においてさまざまに応用されています．

# 4 ベール空間

　完備距離空間についてベールの定理が主張するように，空でない開集合が決し
て第一類集合にならないような位相空間のことを**ベール空間**といいます．ですか
ら完備距離空間はベール空間ですが，ほかにもいろいろなベール空間が存在しま
す．特に重要なのが次の定理です．

　**定理**　局所コンパクトなハウスドルフ空間はベール空間である．

　局所コンパクトなハウスドルフ空間 $X$ に，空でない開集合 $U$ と，可算個のい
たるところ非稠密な部分集合 $A_1, A_2, \cdots$ が与えられたとします．このとき差集合
$U \setminus \mathrm{Cl}(A_1)$ は空でない開集合です．この開集合に属する点 $p_1$ をとりましょう．
いま $X$ は正則空間なので，$p_1$ を含む開集合 $U_1$ を $\mathrm{Cl}(U_1) \subset U \setminus \mathrm{Cl}(A_1)$ となるよ
うにとれます．しかも，$X$ が局所コンパクトであることから，この $U_1$ は閉包
$\mathrm{Cl}(U_1)$ がコンパクトになるように選べます．次に差集合 $U_1 \setminus \mathrm{Cl}(A_2)$ を考えまし
ょう．$A_2$ がいたるところ非稠密なので，$U_1 \setminus \mathrm{Cl}(A_2)$ は空でない開集合です．そ
こで，その要素 $p_2$ をとり，空でない開集合 $U_2$ を，$p_2 \in U_2$, $\mathrm{Cl}(U_2) \subset U_1 \setminus \mathrm{Cl}(A_2)$
であって，しかも $\mathrm{Cl}(U_2)$ がコンパクトであるようにとれます．このようにして
順次，空でない開集合 $U_n$ を，$\mathrm{Cl}(U_n) \subset U_{n-1} \setminus \mathrm{Cl}(A_n)$ であり，しかも $\mathrm{Cl}(U_n)$ がコ
ンパクトであるように選んでゆけます．すべての番号 $n = 1, 2, 3, \cdots$ についてそ
のように $U_n$ が選べたとすると，
$$\mathrm{Cl}(U_1) \supset \mathrm{Cl}(U_2) \supset \cdots \supset \mathrm{Cl}(U_n) \supset \cdots$$
は空でないコンパクト集合の列で，有限交叉性をもつので，その共通部分

$\bigcap_{n\in\mathbb{N}}\mathrm{Cl}(U_n)$ は空ではありません．この共通部分から要素 $p^*$ をとれば，$\mathrm{Cl}(U_n)$ と $\mathrm{Cl}(A_n)$ が交わらないという仮定から，$p^*$ は和集合 $A_1\cup A_2\cup\cdots$ には属しません．いっぽう $p^*\in\mathrm{Cl}(U_1)\subset U$ なので，$U$ が和集合 $A_1\cup A_2\cup\cdots$ に含まれないことが示されました．　　　　　　　　　　　　　　　　　　　　　　　　　（証明終）

　こうして，完備な距離空間のほかに，局所コンパクトなハウスドルフ空間においても，ベールの定理による強力な存在証明の方法が利用できることになるわけです．

　さて，ふたつの局所コンパクト空間の直積空間はまた局所コンパクト空間ですし，完備な距離のつくふたつの空間の直積はまた完備な距離のつく空間になっています．また，この章で示したふたつの定理の証明方法を組み合わせれば，局所コンパクトなハウスドルフ空間と完備な距離空間の直積空間がベール空間になることもわかります．ところが，一般にはふたつのベール空間の直積は必ずしもベール空間にならないことがわかっています．正規空間の $T_4$ 分離公理もそうでしたが，ベール空間であるという性質も，いわば「壊れやすい」性質であり，それだけに位相空間論の興味深い研究対象となっています．

# 5 マーティンの公理

　ベールの定理に関連して，少し難しい話題にはなりますが，マーティンの公理について最後に触れましょう．このセクションのいろいろな命題には証明はつけませんので，詳しくは，キューネン『集合論』（日本評論社，2008 年）の第 II 章などを参照してください．

　数直線のような完備な距離空間においては，可算個のいたるところ非稠密な集合で空間全体を覆うことができないことが，ベールの定理によってわかりました．いっぽう，連続体濃度 $2^{\aleph_0}$ 個のいたるところ非稠密な集合を用いて数直線全体を覆ってしまえることは明らかです．一点からなる集合 $\{p\}$ をすべての $p\in\mathbb{R}$ について集めればよいからです．

　では，可算濃度 $\aleph_0$ と連続体濃度 $2^{\aleph_0}$ の中間にあるような濃度についてはどうでしょうか．

先に言っておかなければなりませんが，$\aleph_0 < \kappa < 2^{\aleph_0}$ であるような中間の濃度 $\kappa$ が存在するかどうかは，通常のツェルメロ–フレンケル集合論の公理系（ZFC）では決定できません．そのような中間の濃度 $\kappa$ が存在しない，という命題を**連続体仮説**といいますが，これは ZFC と独立な命題なのです．つまり，可算と連続の中間の濃度は，存在しなくてもおかしくないけれども，存在する可能性は排除できません．そうした濃度 $\kappa$ が存在した場合に，数直線を $\kappa$ 個のいたるところ非稠密な集合で覆うことはできるのでしょうか．

これから説明するマーティンの公理は，それが不可能だという結果を導くような公理です．

いま位相空間 $X$ についての「どのふたつも互いに交わらない開集合からなる集合族は，高々可算である」という条件を**可算鎖条件**とよぶことにします．数直線においては，空でない開集合は必ず有理数を含むので，互いに交わらない開集合は可算個しかとれないことは明らかです．すなわち数直線は可算鎖条件をみたします．同様にして，可分な位相空間は必ず可算鎖条件をみたします．いっぽう，連続体濃度より真に多い個数の可分位相空間の直積は，可算鎖条件をみたす可分でない位相空間の例になっています．

次の演習問題は少し難しいですが，可算鎖条件についてイメージをつかむのに適していると思います．

## 演習 3

距離空間は，可算鎖条件をみたせば可分である．このことを示せ．（ツォルンの補題を使って，半径 $1/n$ 以下の $r$-近傍 $U(x;r)$ からなる互いに交わりのない極大な族 $\mathcal{A}_n$ をとれ．可算鎖条件によりそれは可算族である．そこで $\mathcal{A}_n = \{U(x_{n,i};r_{n,i})|i=1,2,\cdots\}$ のように表すことができる．すべての $n \in \mathbb{N}$ についてそのように $a_{n,i}$ と $r_{n,i}$ を選べば，集合 $A = \{x_{n,i}|n,i \in \mathbb{N}\}$ が可算な稠密集合になる．このことを示すために，各 $n$ ごとに和集合 $\bigcup \mathcal{A}_n$ が稠密集合となることを用いよ．）

さて，**濃度 $\kappa$ に関するマーティンの公理**とは，次の主張です：

> 可算鎖条件をみたすコンパクトなハウスドルフ空間は $\kappa$ 個のいたるところ非
> 稠密な部分集合で覆うことができない.

この主張は「コンパクトなハウスドルフ空間はベール空間である」という主張と
非常によく似ていますが，いたるところ非稠密な集合の個数が可算個から $\kappa$ 個に
替わっているところと，考える空間に可算鎖条件を課しているところに違いがあ
ります. 可算鎖条件を外してしまうと，最小の不可算濃度 $\aleph_1$ に対しても，この
命題は成立しなくなります.

　濃度 $\kappa$ に関するマーティンの公理を，ここでは $\mathrm{MA}_\kappa$ と書きましょう. すでに
指摘したとおり，$\mathrm{MA}_{\aleph_0}$ は成立し，$\mathrm{MA}_{2^{\aleph_0}}$ は成立しません. 興味があるのは $\aleph_0 <$
$\kappa < 2^{\aleph_0}$ の場合です. 濃度 $\kappa$ を限定せずにマーティンの公理 $\mathrm{MA}$ と言った場合に
は，連続体濃度 $2^{\aleph_0}$ より真に小さいすべての濃度 $\kappa$ について $\mathrm{MA}_\kappa$ が成立する，と
いう主張を意味します. しかしそうすると連続体仮説から自明に $\mathrm{MA}$ が出てき
てしまいますので，マーティンの公理の応用を考えるときには，$\mathrm{MA}$ のほかに連
続体仮説の否定を仮定して議論することになります.

　濃度 $\kappa$ に関するマーティンの公理 $\mathrm{MA}_\kappa$ からは，可分完備距離空間における $\kappa$
個の第一類集合の和集合がまた第一類集合になることや，数直線上の $\kappa$ 個のルベ
ーグ可測集合の和集合がまたルベーグ可測集合になることなど，興味深く有用な
結果がいろいろ導かれます. 位相空間論にとって特に面白いのは，次の定理です.

　　**定理**　最小の非可算濃度 $\aleph_1$ に関するマーティンの公理 $\mathrm{MA}_{\aleph_1}$ を仮定すると
　　き，ふたつの可算鎖条件をみたす位相空間の直積はまた可算鎖条件をみたす.

　可算鎖条件を可分性にまで強めれば，可分性が直積で保たれることは，通常の
集合論の範囲内で容易に証明できるわけですが，可算鎖条件が直積で保たれるか
どうかは，不思議なことに，通常の集合論の公理と独立なのです.

　また，順序に関して自己稠密（任意の相異なる2元の間に別の元が存在する）で
ワイアストラスの連続性の原理（空でない上に有界な集合は最小上界をもつ）をみ

たし，開区間が定める位相のもとで可分であるような全順序集合は，実数全体またはその区間のなす順序集合と同型であることがわかっていますが，ここで可分性を可算鎖条件に弱めた

> 全順序集合 $(X, <)$ が順序に関して自己稠密でワイアストラスの連続性の原理をみたし，開区間が定める位相のもとで可算鎖条件をみたす位相空間になっているならば，$(X, <)$ は実数の順序集合と同型か，

という問いを，**ススリンの問題**といいます．この問いの答えも，通常の集合論の公理と独立です．ススリンの問題の反例となる，可算鎖条件をみたすが可分ではない全順序集合が存在すれば，それを**ススリン線**とよびます．ススリン線 $(X, <)$ が存在すれば，$X$ のそれ自身との直積 $X \times X$ が可算鎖条件をみたさないことが示されるので，上記の定理よりマーティンの公理 $\mathrm{MA}_{\aleph_1}$ のもとではススリン線は存在せず，可算鎖条件をみたす全順序集合は数直線の部分集合と同型になるわけです．

　マーティンの公理は通常の集合論の公理からは証明できない命題ですが，また集合論の公理と矛盾しないこともわかっており，位相空間に関していろいろな興味深い結果を導くので，位相空間論を学ぶにあたって知っておくべき命題のひとつになっています．

# 演習

## 演習 I

実数の開区間 $(0,1)$ を $I$ と書き，数直線の通常の距離関数を $d$ と書くとき，

(1) 距離空間 $(I,d)$ が完備でないことを示せ．
(2) $I$ 上の距離関数 $d'$ を
$$d'(x,y) = \left| \frac{1}{x} - \frac{1}{y} \right| + \left| \frac{1}{1-x} - \frac{1}{1-y} \right|$$
と定義する．このとき距離空間 $(I,d')$ が完備であることを示せ．

このうち(1)は収束しないコーシー列の例をひとつあげればよいのです．そのために $x_n = 1/n$ としましょう．すると $m \geqq n \geqq N$ のとき $|x_m - x_n| \leqq 1/N$ なので，列 $\{x_n\}_{n \in \mathbb{N}}$ はコーシー列になります．しかし，$x_n$ は区間 $I$ に属する実数には収束しません．というのも，$x$ が $I$ に属するとき $0 < x < 1$ なので $\varepsilon = x/2$ とすれば $\varepsilon$ は正の数ですが，$n \geqq 2/x$ であるすべての番号 $n$ について $|x_n - x| \geqq \varepsilon$ となります．$x$ の $\varepsilon$-近傍に $x_n$ が属するような番号 $n$ が高々有限個しかないのですから，$\{x_n\}_{n \in \mathbb{N}}$ は $x$ に収束しないのです．

次に(2)を考えます．$I$ の点列 $\{x_n\}_{n \in \mathbb{N}}$ が距離関数 $d'$ の意味でコーシー列であったとすると，$d(1/x, 1/y) \leqq d'(x,y)$ より，数列 $\{1/x_n\}_{n \in \mathbb{N}}$ は（実数の完備性によって）なんらかの実数 $\alpha$ に収束します．すべての $n$ で $1/x_n > 1$ なので $\alpha \geqq 1$ です．そこで $x = 1/\alpha$ とおくと，数列 $\{x_n\}_{n \in \mathbb{N}}$ が数直線の通常の位相の意味で $x$ に収束します．$0 < x \leqq 1$ なのは明らかですが，ここで数列 $\{1/(1-x_n)\}_{n \in \mathbb{N}}$ が収束することを用いれば，$x < 1$ であることが示されます．こうして数列 $\{x_n\}_{n \in \mathbb{N}}$ が数直線の通常の位相の意味で $I$ の点 $x$ に収束することがわかったわけですが，このことを用いて $d'(x_n, x)$ が $n \to \infty$ のときゼロに近づくことを示すのは容易でしょう．

(証明終)

　距離空間 $(I, d')$ は位相空間としては数直線 $\mathbb{R}$ の部分空間としての $I$ と同じ位相をもっています．これは，$I$ の点列が $I$ のどの点に収束するかしないか，ということは，距離関数 $d'$ の意味で考えても $\mathbb{R}$ の部分空間として考えても一致する，という意味です．

　同様の論法で，完備な距離空間の開部分集合は，距離関数を適切に変更することで位相を変えずに完備な距離空間にすることができます．完備な距離空間 $(X, d)$ の開部分集合 $A$ について，$X \setminus A$ が空でないとき，実数値関数 $\varphi : X \to \mathbb{R}$ を

$$\varphi(x) = \inf \{ d(x, y) \mid y \in X \setminus A \}$$

と定義すると，$A$ が開集合であることから，$x \in A$ のとき $\varphi(x) > 0$，$x \in X \setminus A$ のとき $\varphi(x) = 0$ となります．そこで $p, q \in A$ のときに

$$d^*(p, q) = d(p, q) + \left| \frac{1}{\varphi(p)} - \frac{1}{\varphi(q)} \right|$$

と定義すると，$d^*$ は $A$ における完備な距離関数となり，$(A, d^*)$ は完備な距離空間となります．$\varphi(x)$ が $X$ 上の連続関数であることから，$d^*$ の定める $A$ の位相は距離空間 $(X, d)$ の部分空間としての位相に一致します．

## 演習 2

181 ページで定義した図の関数列 $\{g_n\}_{n \in \mathbb{N}}$ が平均距離 $d_1$ の意味で $C([0, 1])$ に属するいかなる関数にも収束しないことを示せ．

　連続関数の列 $\{g_n\}_{n \in \mathbb{N}}$ が距離関数 $d_1$ の意味で連続関数 $f$ に収束したと仮定します．$1/2 < t \leqq 1$ である実数 $t$ について $f(t) = 1$ であることを示します．仮に $f(t) \neq 1$ であれば $r = |1 - f(t)|/2$ とおいて，$f$ の連続性により，正の数 $\delta$ を，$|x - t| < \delta$ のとき $|1 - f(x)| \geqq r$ となるようにとれます．ここで $\delta$ はじゅうぶん小さく，$1/2 < t - \delta$ となるようにとってあったとします．いま番号 $n$ がじゅうぶん大きく $(n+1)/2n < t - \delta$ となっているならば，$(n+1)/2n \leqq x \leqq 1$ の範囲で $g_n(x) = 1$ であることから

$$d_1(g_n, f) = \int_0^1 |g_n(x) - f(x)|dx$$

$$\geqq \int_{\frac{n+1}{2n}}^1 |g_n(x) - f(x)|dx$$

$$= \int_{\frac{n+1}{2n}}^1 |1 - f(x)|dx$$

$$\geqq \int_{t-\delta}^t |1 - f(x)|dx$$

$$\geqq \delta r$$

となります. ここで $\delta r$ は番号 $n$ に依存しない正の数なので, 点列 $\{g_n\}_{n \in \mathbb{N}}$ が距離関数 $d_1$ の意味で $f$ に収束するとした仮定と矛盾します. こうして $1/2 < t \leqq 1$ である実数 $t$ について $f(t) = 1$ でなければなりません.

同様にして, $0 \leqq t < 1/2$ である実数 $t$ については $f(t) = 0$ であることがわかります. ところがそうすると, 関数 $f$ は $x = 1/2$ のところで不連続になり, 最初の仮定と矛盾します. こうして, $\{g_n\}_{n \in \mathbb{N}}$ は平均距離 $d_1$ の意味で連続関数に収束することはありえません. (証明終)

## 演習3

距離空間は, 可算鎖条件をみたせば可分である. このことを示せ.

距離空間 $(X, d)$ が, 位相空間とみて可算鎖条件をみたしているとします. 番号 $n$ ごとに, ツォルンの補題を使って, 半径 $1/n$ 以下の $r$-近傍 $U(x;r)$ からなる互いに交わりのない極大な族 $\mathcal{A}_n$ をとったとしましょう. 可算鎖条件により, $\mathcal{A}_n$ は可算族です. そこで $\mathcal{A}_n = \{U(x_{n,i};r_{n,i}) | i = 1, 2, \cdots\}$ のように表すことができます. すべての $n \in \mathbb{N}$ についてそのように $x_{n,i}$ と $r_{n,i}$ を選んだとき, 集合 $A = \{x_{n,i} | n, i \in \mathbb{N}\}$ が可算な稠密集合になります. このことを示しましょう. 正の数 $\varepsilon$ が任意に与えられたとします. 番号 $n$ をじゅうぶん大きく $n \geqq 2/\varepsilon$ となるようにとります. $X$ の任意の点 $p$ の $1/n$-近傍は, $\mathcal{A}_n$ に属するどれかの $U(x_{n,i};r_{n,i})$ と空でない交わりをもちます. そうでないと, $\mathcal{A}_n$ にこの $U(x;1/n)$ をつけ加え

た集合族が半径 $1/n$ 以下の $r$-近傍からなる互いに交わりのない集合族となりますが，このことは $\mathcal{A}_n$ の極大性と矛盾します．そこで，ある番号 $i$ について $U(x\,;1/n)$ と $U(x_{n,i},r_{n,i})$ に共通の要素 $y$ が存在します．$d(x,y)<1/n$, $d(y,x_{n,i})<r_{n,i}\leqq 1/n$ なので $d(x,x_{n,i})<2/n\leqq\varepsilon$ となり，$x$ の $\varepsilon$-近傍に集合 $A$ に属する点 $x_{n,i}$ がとれることになります．いま点 $x$ は $X$ の任意の点，$\varepsilon$ は任意の正の数だったので，$X$ の任意の点のいくらでも近くに集合 $A$ の点が存在することになり，$A$ は稠密集合です．この $A$ は可算集合ですから，空間 $X$ が可分であることが示されました．　　　　　　　　　　　　　　　　　　　　（証明終）

# 索引

## ●数字・アルファベット

1点コンパクト化……164
$p$ 進距離……19
$r$-近傍……32, 43
$T_0$ 分離公理……85
$T_1$ 分離公理……84
$T_2$ 分離公理……84
$T_3$ 分離公理……90
$T_{3\frac{1}{2}}$ 分離公理……138
$T_4$ 分離公理……90

## ●あ行

値……34
位相空間……26
位相と整合する距離関数……146
位相不変量……61
いたるところ非稠密……182
一様距離……179
一様ノルム……179
埋め込み写像……165
ウリゾーンの距離づけ定理……148
ウリゾーンの補題……132

## ●か行

開基……72
開区間……36
開写像……55
開集合……23
開集合系……21, 24, 25
開集合とは，自分自身の境界とまったく交わ
　らない集合のこと……52
開被覆……122
各点収束位相……71
可算鎖条件……187
可分……76
可分性……75

完全正則空間……138
カントール空間……18
完備距離空間……177
完備な……178
基本近傍系……69
逆像……37
逆連続……165
境界……51
境界点……51
共通部分……2
局所コンパクト空間……162
距離関数……16
距離空間……17, 31
距離づけ可能……146
近傍……7
近傍フィルター……9
空集合……2
コーシー–シュワルツの不等式……13
コーシー列……177
弧状連結……107
コンパクト……120
コンパクト化……166
コンパクト空間……119
コンパクト空間上の超フィルターは収束する
　……121
コンパクト部分集合……120

## ●さ行

最大値原理……124
三角不等式……6, 12
始点……107
射影……167
写像……34
終域……34
集合……1
集合族……2

収束する……87
終点……107
十分大きなすべての実数 $x$ が $F(x)$ をみたす……4
順序対……93
準フィルター……127
触点……47
ステレオ投影……174
ストーン-チェックのコンパクト化……170
スリリン線……189
スリリンの問題……189
生成された……80
正規空間……91
正則空間……91
全体集合……2
像……45
相対位相……54
像フィルター……88
ゾルゲンフライ直線……34
ゾルゲンフライ平面……133

●た行
ターゲット……34
第 1 可算空間……70
第 1 可算公理……68
第 1 可算公理をみたす空間……70
第 2 可算空間……73
第 2 可算公理……72
第 2 可算公理をみたす空間……73
第一類の集合……183
対称差……18
第二類の集合……183
チコノフの定理……167
中間値の定理……109
稠密……75
稠密集合……75
稠密部分集合……76
超距離不等式……28
超フィルター……120
直積位相……93

直積空間……93
直積集合……93
定義域……34
点 $p$ から部分集合 $A$ までの距離……48
点列 $x_1, x_2, \cdots$ から生成されたフィルター……87
同相……59
同相写像……56

●な行
内点……22
内部……14, 22
濃度 $\kappa$ に関するマーティンの公理……188

●は行
ハウスドルフ空間……85
離れている……100
非アルキメデス的……29
左半開区間……33
ヒルベルト立方体……151
フィルター……8
フィルターの収束……86
部分空間……54
部分集合……2
部分集合族……2
不連結な集合……101
分離公理……84
平均距離……179
平均ノルム……179
閉集合……49
閉集合とは，自分自身の境界を含む集合のこと……52
閉包……48
ベール空間……185
ベールの定理……183
冪集合……18, 33
補集合が開集合であることが，閉集合の必要十分条件……49
ボルツァーノ-ワイヤストラスの定理……115

**●ま行**

マーティンの公理……186

道……107

密着位相空間……33

無限遠点……172

**●や行**

ユークリッド空間……31

有限交叉性……117

要素……1

**●ら行**

離散位相空間……33

リンデレーフ空間……153

連結集合……100

連結成分……110

連結な集合……101

連続関数……124

連続写像……40

連続体仮説……187

**●わ行**

和集合……2

著者：

**藤田博司**（ふじた・ひろし）

1964 年　京都府生まれ.
1987 年　立命館大学理工学部数学物理学科卒業.
1991 年　名古屋大学大学院理学研究科博士後期課程中退.
現　在　愛媛大学理学部特任講師.
専門は記述集合論.

著書に
『魅了する無限』（技術評論社，2009），
『「集合と位相」をなぜ学ぶのか』（技術評論社，2018），
訳書に
『集合論』（ケネス・キューネン著，日本評論社，2008），
『キューネン 数学基礎論講義』（ケネス・キューネン著，日本評論社，2016），
がある.

# 位相空間のはなし
## やわらかいイデアの世界

2022 年 7 月 25 日　第 1 版第 1 刷発行

著者 ─────── 藤田博司
発行所 ─────── 株式会社日本評論社
　　　　　　　　〒170-8474 東京都豊島区南大塚 3-12-4
　　　　　　　　電話 03-3987-8621［販売］
　　　　　　　　　　　03-3987-8599［編集］
印刷所 ─────── 株式会社精興社
製本所 ─────── 牧製本印刷株式会社
装丁 ─────── 山田信也（ヤマダデザイン室）